钩针动物玩偶

[日]市川美雪 著　　何凝一 译

贵州科技出版社

HAPPY HOME BRAND DE LUXE
BIRD SEED
SIRDAR
SUPER
HAPPY
Chenille
DMC
HAPPY
CHENILLE

前言

22年前的冬天，
不擅长手工的我还在依葫芦画瓢，
笨拙地一点一点钩织着……
最后钩织出来的作品
是一个形状歪歪扭扭、笨拙可爱的小熊玩偶。

那天的心情、感受
对我产生着潜移默化的影响，
直到今天，
我仍在继续钩织。

希望各位能在毛线轻柔质感的包围中
创造出属于自己的玩偶作品。

市川美雪

目录
contents

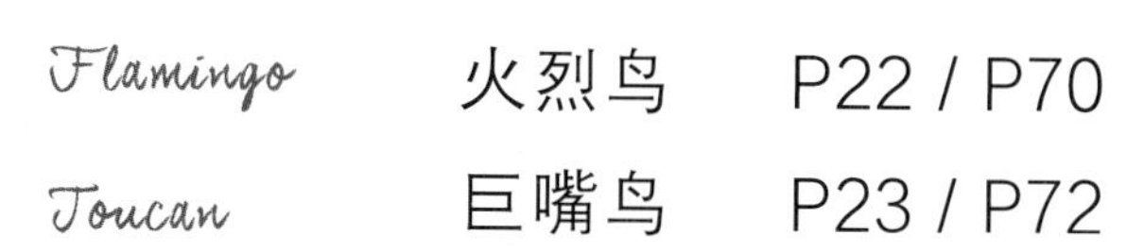

兔子 How to P38

小熊 How to P36

考拉 How to P39

Rabbit

Bear

Koala

动物零钱包 How to P40

大象抱枕 How to P44

How to P44

大象 How to P42

树懒 How to P45

树懒纸巾盒套 How to P46

刺猬 How to P49
松鼠 How to P50

小鹿 How to P52

小羊 How to P33

大灰狼 How to P54

大灰狼垫子　How to P56

小羊居家鞋　How to P58

狮子　How to P60

长颈鹿 How to P62

长颈鹿靠枕 How to P64

黑猫斗篷 How to P66

黑猫 How to P69

火烈鸟 How to P70

巨嘴鸟　How to P72

玩偶的基本 1

钩织玩偶和杂货所用的工具

钩织玩偶和杂货需要用到一些工具。
请以本书中毛线的粗细和钩针的号数作为参考，选择自己喜欢的毛线进行钩织。

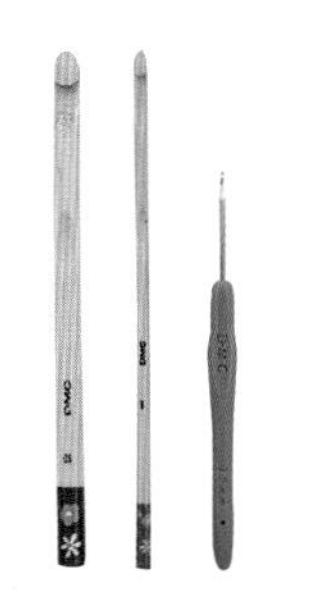

钩针

根据线的粗细选择适合的号数。本书所用的是DMC的3.0 mm（5/0号）、5.0 mm（8/0号）、10 mm钩针。

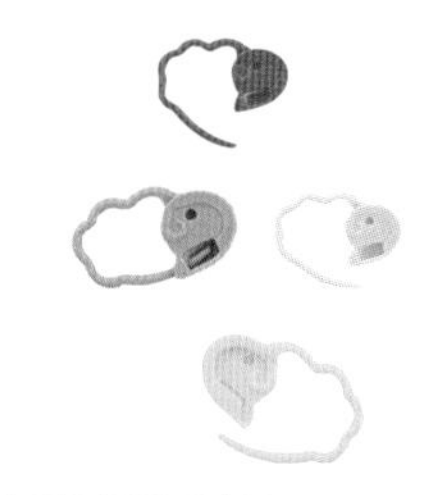

针脚标记扣

穿入针脚中，起到标记的作用。方便计算针脚的数量。

毛线

本书中用到的毛线是DMC“HAPPY CHENILLE”、SIRDAR“SUPER HAPPY CHENILLE”、DMC“HAPPY COTTON”。读者可以根据作品自行选择适合的毛线编织。

剪刀

用于剪断毛线。推荐刀尖锋利的手工用剪刀。

缝纫用大头针

将耳朵、上肢、下肢等部分与头部和身体拼接时，可用大头针选取位置，暂时固定。

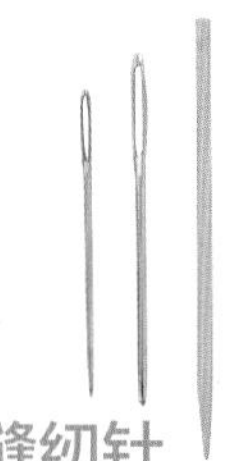

毛线用缝纫针

缝合塞满手工棉的织片或刺绣时使用。

※SUPER HAPPY CHENILLE用极粗型、HAPPY CHENILLE用No.15、HAPPY COTTON用No.12。

穿针器

用穿针器更便于将毛线穿入缝纫针。

手工棉

在钩好的各部分织片中塞入棉花（在本书的钩织方法描述中均使用“棉花”），制造出立体感。

镊子

用于填塞手工棉。方便将棉花塞入上肢、下肢等细长的部分。

锥子

用锥子可以将手工棉塞到织片的各个角落，也可以用于调整形状。

尺子

用于量出各部分的大小尺寸。

玩偶的基本钩织方法

准备好必要的工具后，
马上动手试一试吧！
小羊几乎囊括了所有的钩织技巧，就以它为例来进行介绍。
* 为方便理解，解说时替换了编织线的种类。

钩织头部（圆环起针）

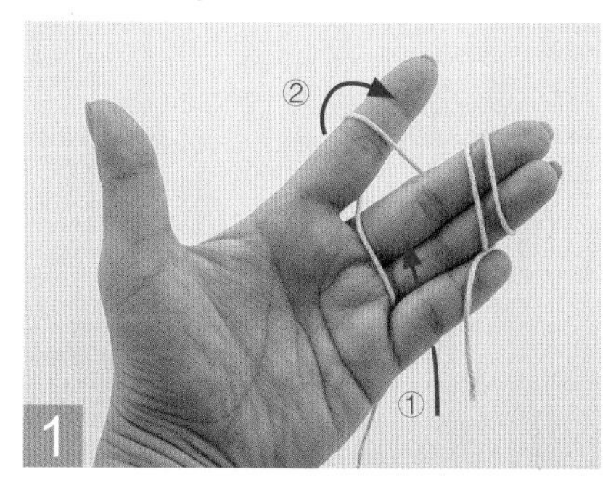

用圆环起针的方法进行起针。从小拇指和无名指之间穿出编织线（①），再挂到食指上（②）。从中指和无名指的后侧穿过，编织线绕两圈后，用小拇指和无名指夹住。

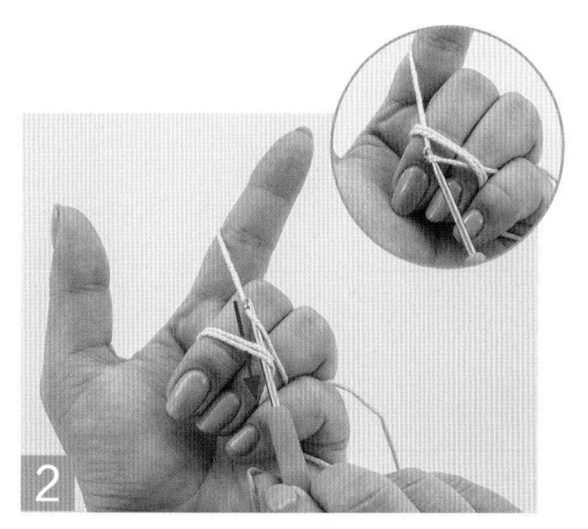

在步骤 1 的基础上，握紧中指、无名指和小拇指，钩针穿入两个圆环中。然后从食指所挂编织线的下方穿入钩针，将线从圆环中抽出。

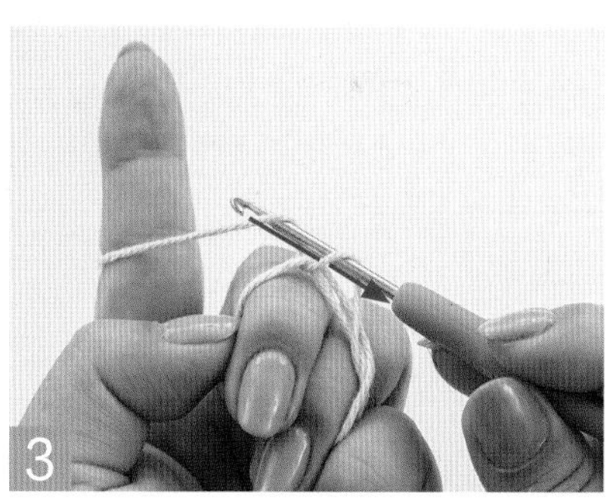

钩织锁针。从食指所挂编织线的下方穿入钩针，从线圈中穿过，引拔钩织。

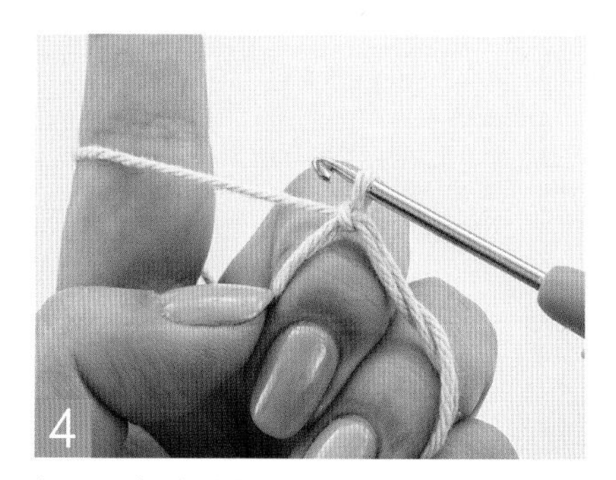

织入立起的锁针后如图。

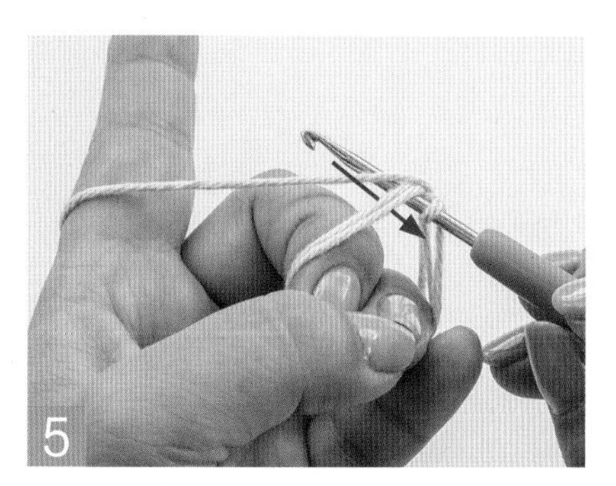

钩织短针。将钩针插入 2 根线的圆环中。从食指所挂编织线的下方插入钩针，再从圆环中抽出。

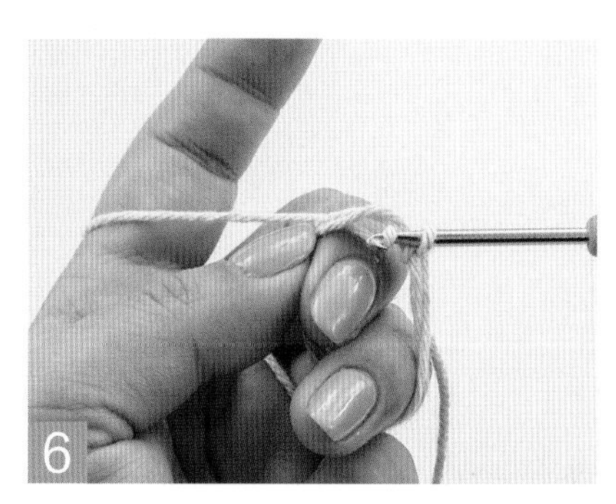

从圆环中抽出后如图。

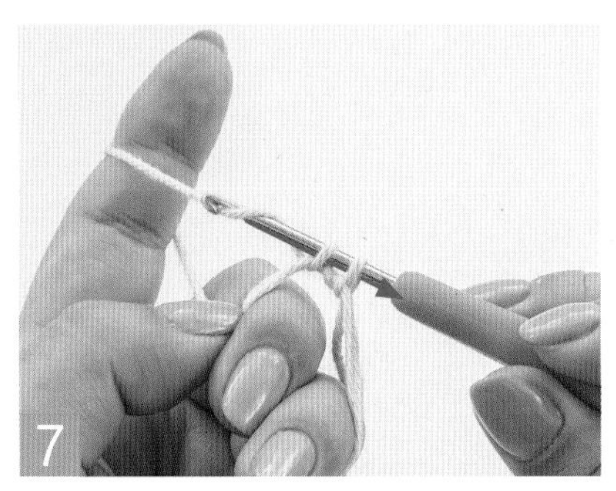

将食指上的编织线挂到钩针上，从两个线圈中穿过，引拔钩织。

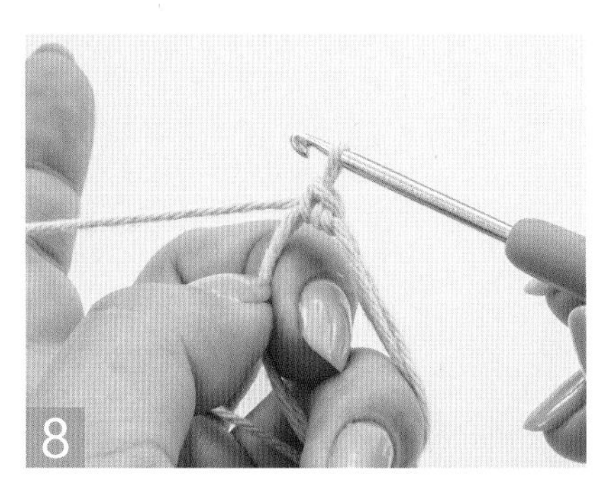

织入 1 针短针后如图。

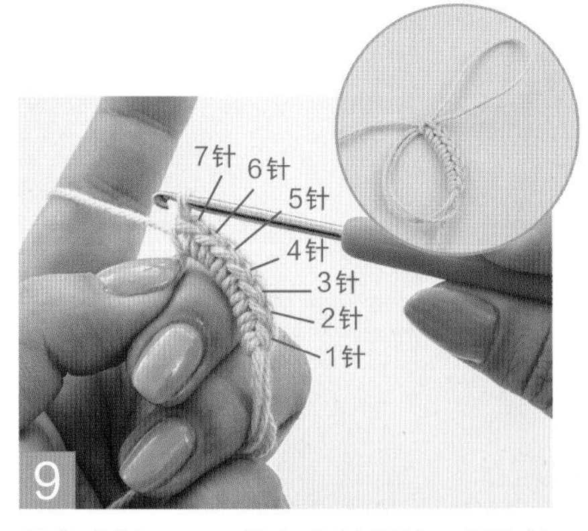

重复步骤 5~8，织入 7 针短针。用钩针将线圈拉大后暂时取出钩针。中指和无名指也从两个圆环中取出。

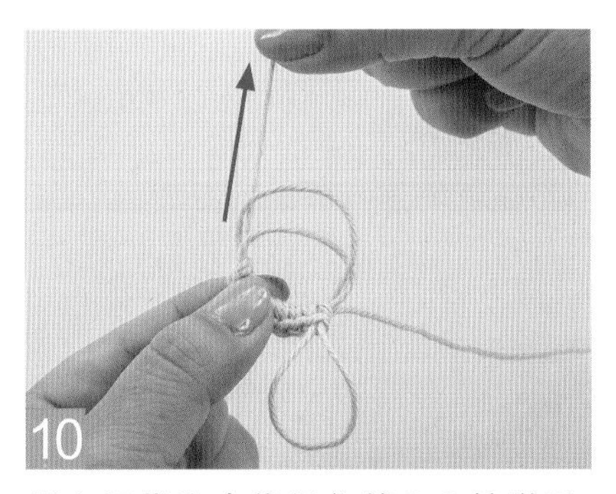

用大拇指和食指捏住第 2~3 针附近，拉动线头。一旦拉动线头，两个圆环中的其中一个就会缩小。

拉动步骤 10 中缩小圆环的左侧，收紧 7 个针脚。

收紧后如图。

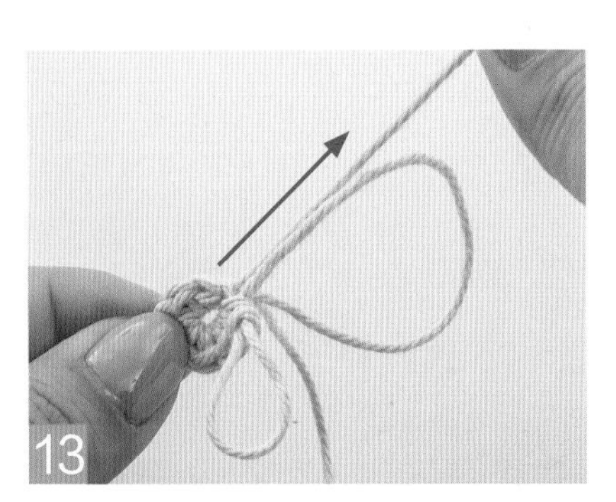

再次拉动线头，将步骤 11 拉过的圆环收紧。

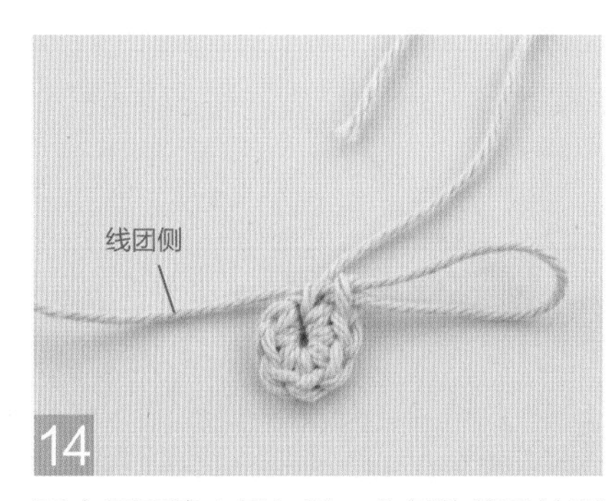

两个圆环缩小后如图。右侧的线圈挂到钩针上，拉动与线团侧的编织线，收紧线圈。

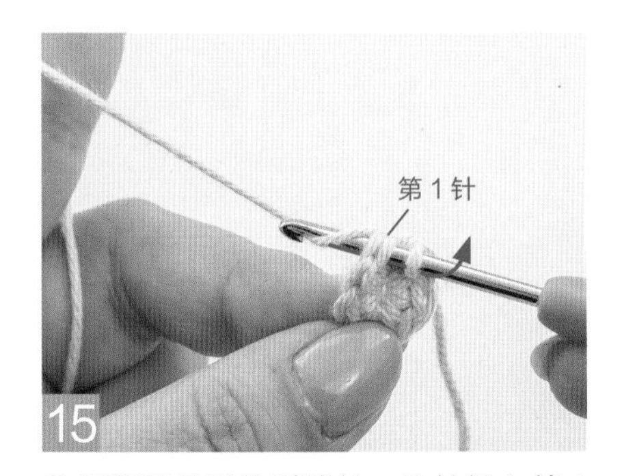

钩织行间最后的引拔针。钩针插入第 1 行的第 1 针中，将食指上的编织线挂到钩针上。然后从第 1 针和线圈中穿过，引拔钩织。

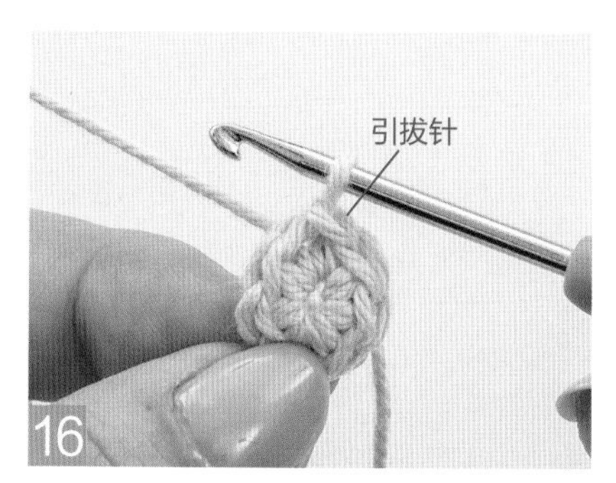

钩织完引拔针后如图。

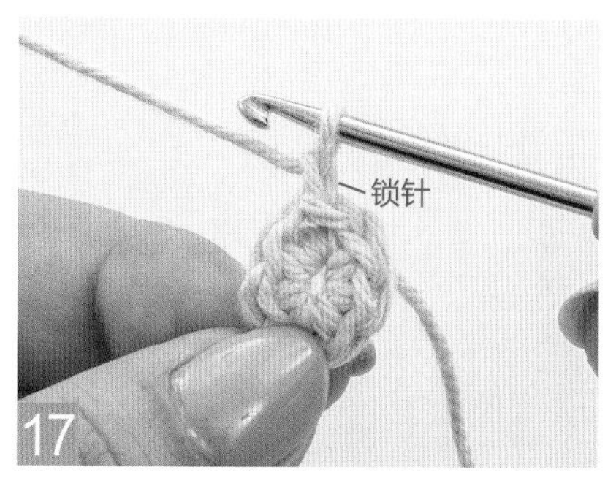

钩织第 2 行。食指上的编织线挂到钩针上，织入 1 针立起的锁针。

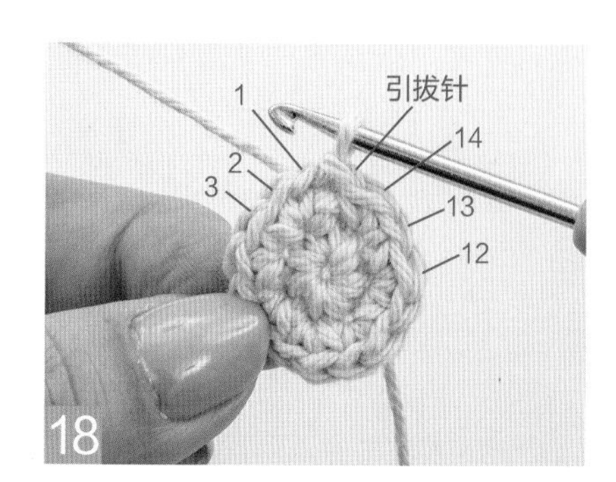

在上一行的每个针脚中分别织入 2 针短针，进行加针。针脚数由 7 针增加到 14 针。

（在行间中途更换编织线颜色的方法）

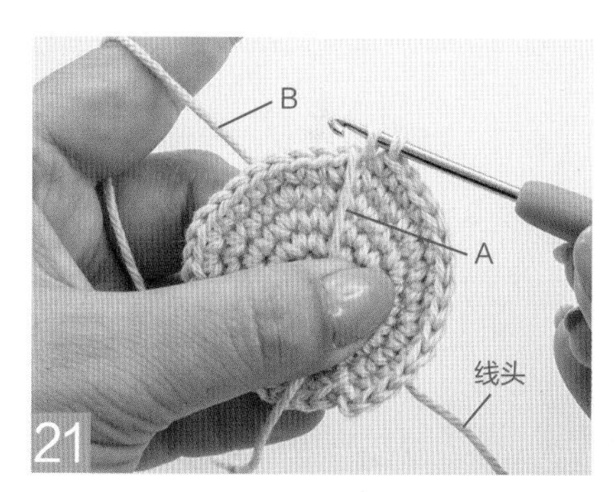

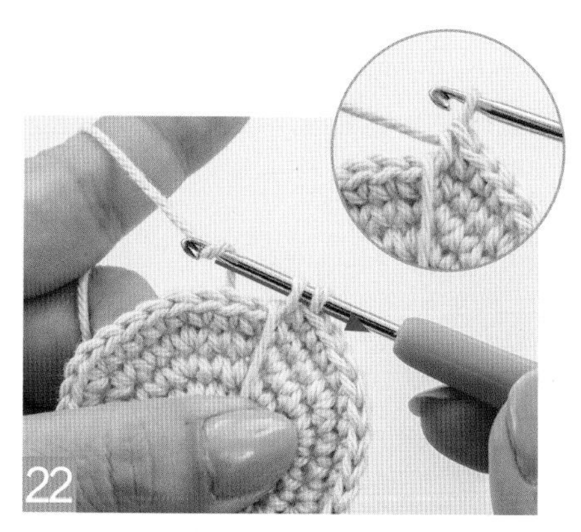

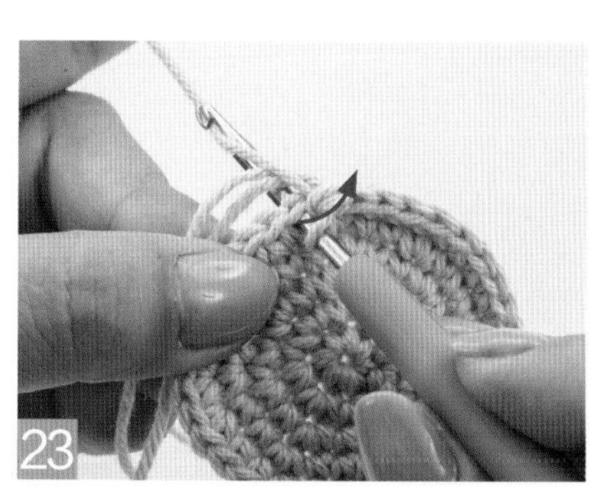

19 用加针的方法钩织第 3~5 行，第 6 行不用加针，无加减针钩织（参照P33）。第 6 行中途更换编织线的颜色。

20 钩针插入第 6 行的第 14 针中，然后抽出食指上所挂的线。

21 钩针不动，食指上的编织线A滑脱后置于内侧，用大拇指压住。将其他颜色的编织线B挂到食指上，用中指和无名指压住线头和织片，拿好。

22 编织线B挂到钩针上，从两个线圈中穿过，引拔抽出。换线后钩织第 14 针短针。

23 钩针插入第 15 针中。将大拇指、中指和无名指压住的两种颜色的编织线拉到钩针上方，织入短针将前面的针脚包住。然后将食指上的编织线挂到钩针上，抽出。

24 食指上的编织线挂到钩针上，从两个线圈中引拔抽出。用短针包住后如图。

重复步骤23、24，用编织线B织入6针。

回到编织线A。钩织第21针时，插入钩针后将食指上的编织线引拔抽出。然后按照步骤22的方法，换成编织线A，引拔钩织。

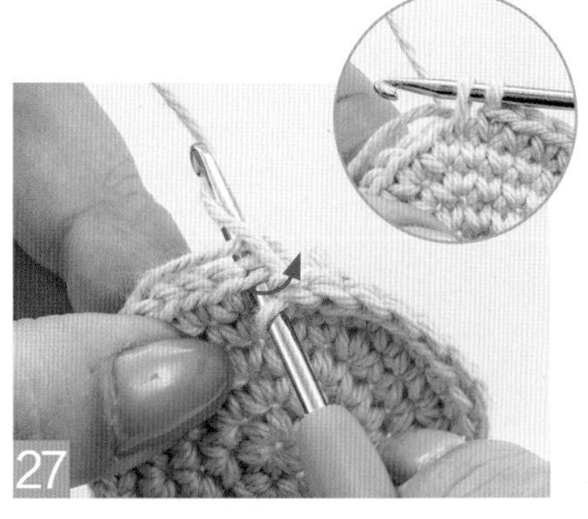

将钩针插入第22针。按照步骤23的方法，将编织线B置于钩针上方，然后用编织线A织入1针将前面的针脚包住。

编织线B暂时停下，然后用编织线A继续钩织。

第7行进行加针，然后按照步骤22~24的方法替换编织线的颜色。钩针插入第16针中，将食指上的编织线A引拔抽出，将之前暂时停下的编织线B横向拉到针脚旁，引拔抽出。

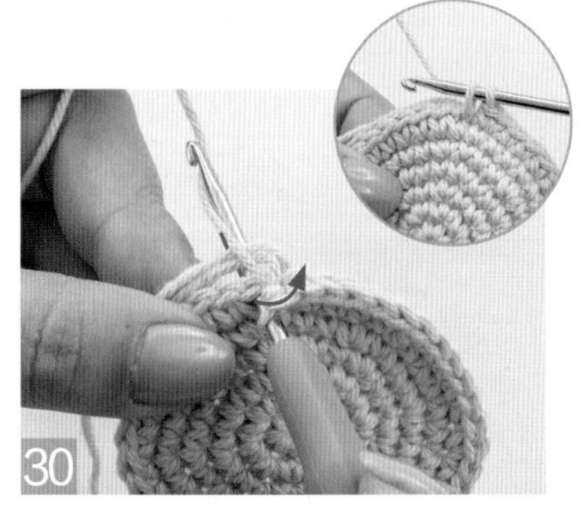

钩针插入第17针，按照步骤23、24的方法用编织线B织入短针，将编织线A和横穿的编织线包住。

第17针钩织完成后如图。

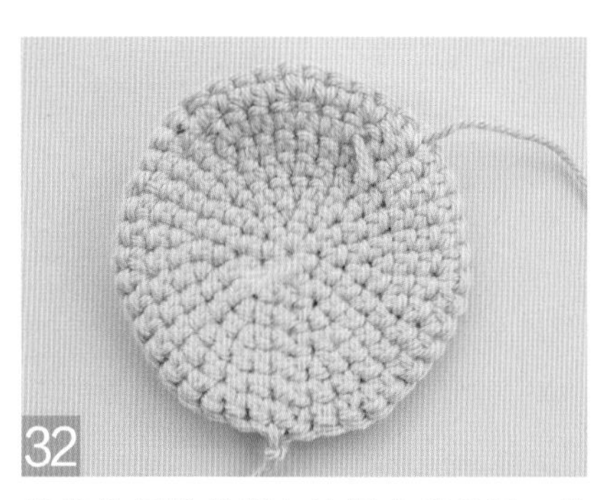

替换编织线的颜色钩织完第7行，从织片的反面看如图。继续钩织至第12行。

（变化的短针2针并1针）

第13行进行减针。钩织至第13行的第7针，然后将第8针的内侧半针挑起，接着再将第9针的内侧半针挑起，插入钩针（变化的短针2针并1针）。

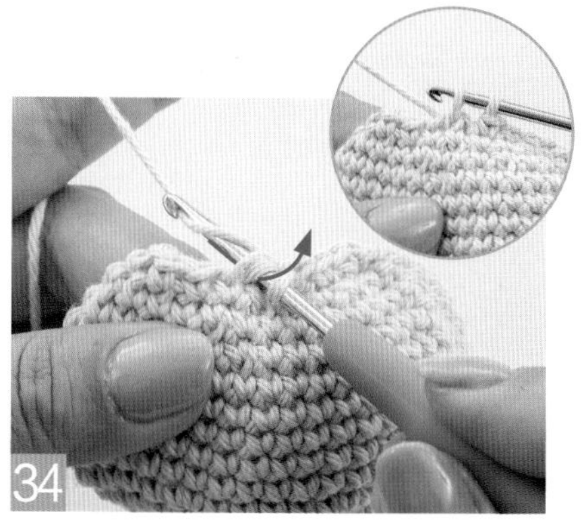

将食指上的编织线挂到钩针上，抽出。

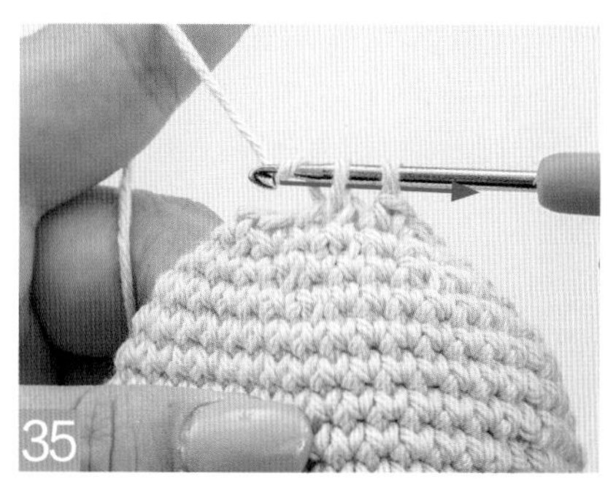

将食指上的编织线挂到钩针上，从两个线圈中穿过，引拔钩织。

织入变化的短针 2 针并 1 针（参照P76）进行减针。第 14~17 行的减针也按照步骤 33~35 的方法钩织（参照 P33）。

处理线头。钩织至第 17 行的终点处，留出 20 cm左右的线头后剪断。最后织入 1 针锁针，抽出线头。

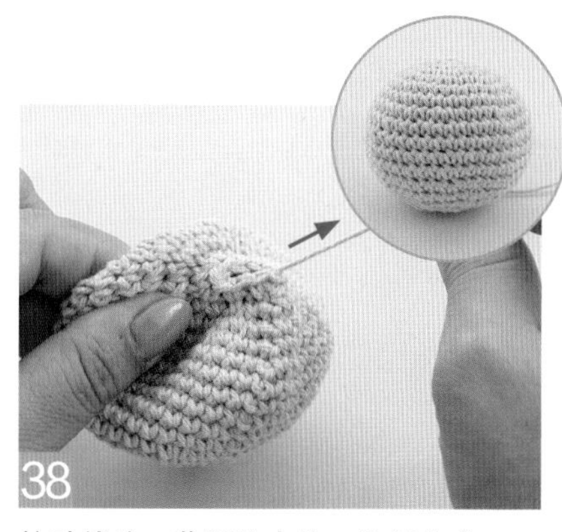

拉动线头，收紧终点处。头部完成。

钩织头发（短针的环形针）

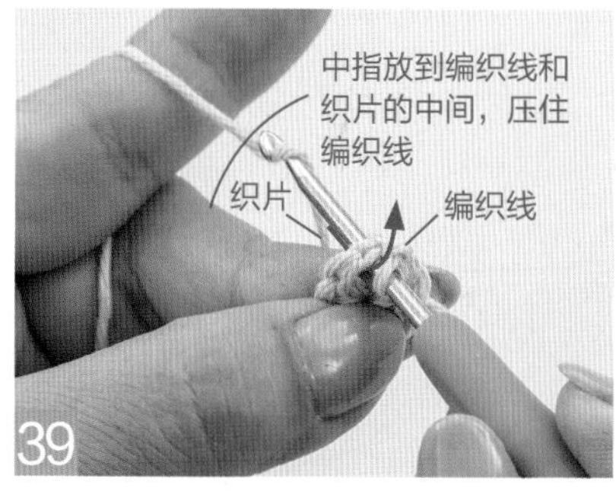

钩织第 1 行按照步骤 1~16 的方法用圆环起针的方法织入 6 针。钩织第 2 行的环形针时，用中指压住食指上的编织线，挂到钩针上后抽出。

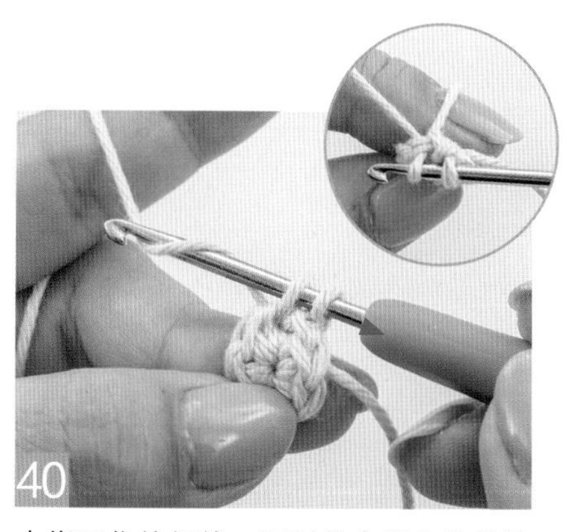

中指压住编织线，同时将食指上的线挂到钩针上，从两个线圈中穿过，引拔抽出。

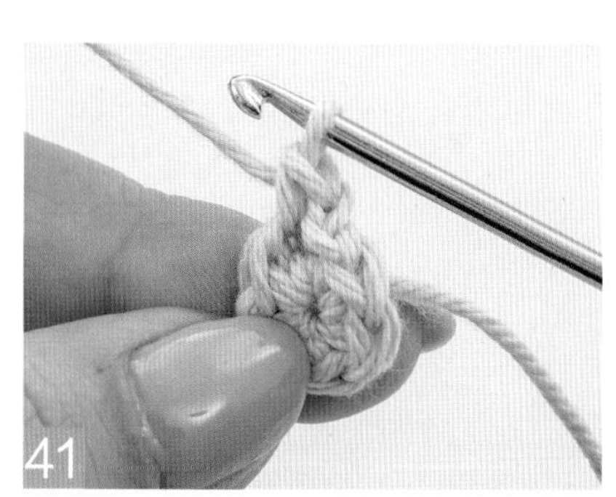

环形针钩织完成后如图。

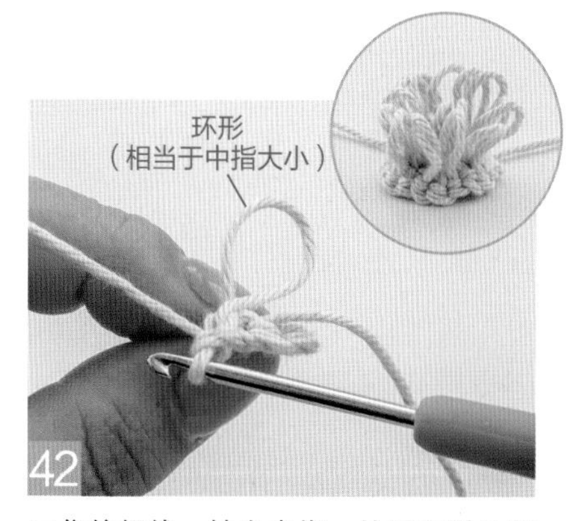

压住编织线，抽出中指。从反面看是环形。在每个针脚中分别织入 3 针环形针，增加 12 针。18 针环形针钩织完成（参照 P34）。

钩织上肢、下肢（行间钩织起点编织线的替换方法）

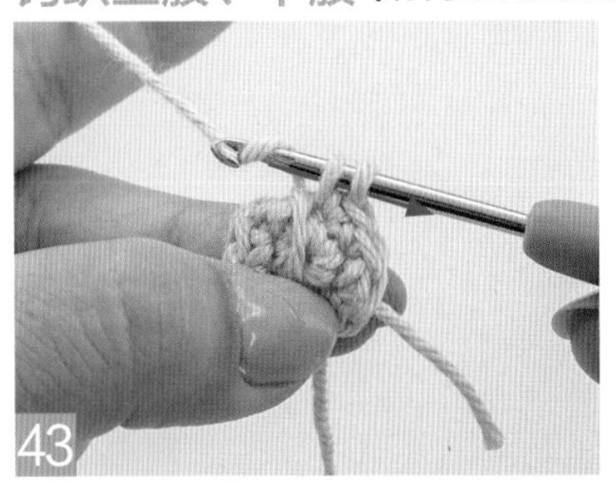

按照步骤1~16的方法织入圆环的起针，然后钩织第1行的6针。钩织第2行的短针，按照步骤20~22的方法替换编织线。

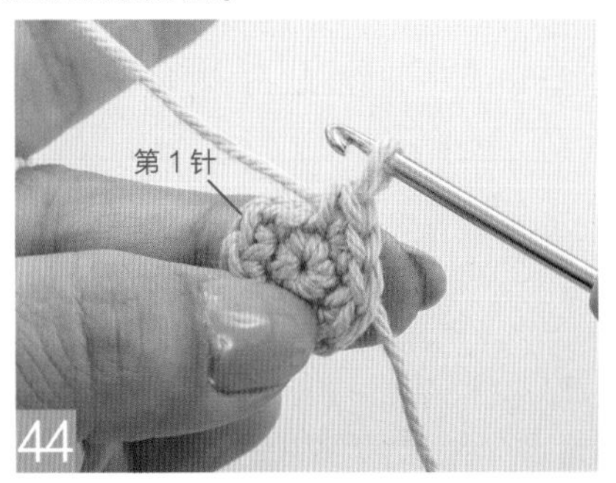

引拔钩织用于换色的编织线，织入短针后如图。钩针插入第1针中，将食指上的线挂到钩针上，引拔钩织。

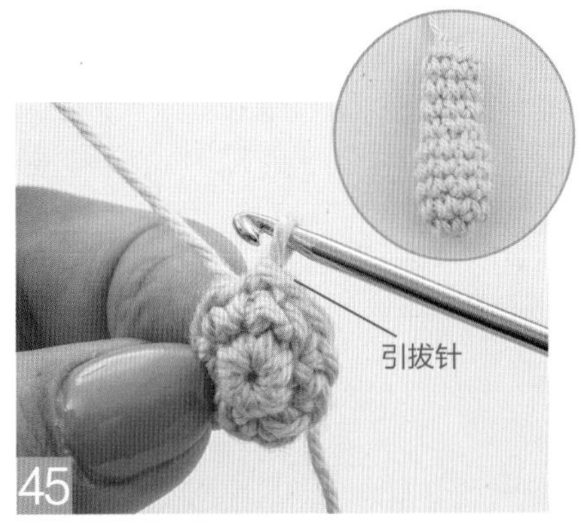

用换色的编织线钩织引拔针后如图。然后继续钩织，上肢、下肢各钩织2块（参照P35）。

钩织耳朵

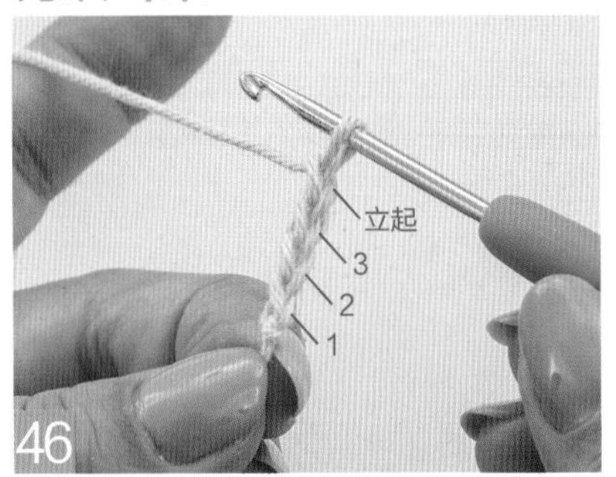

用锁针起针的方法钩织。织入3针锁针后再钩织1针立起的锁针（参照P74）。

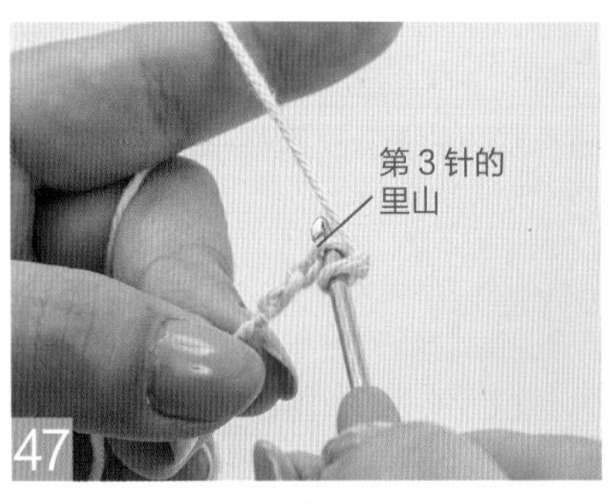

针脚翻到反面，将钩针插入第3针的里山中，钩织短针。

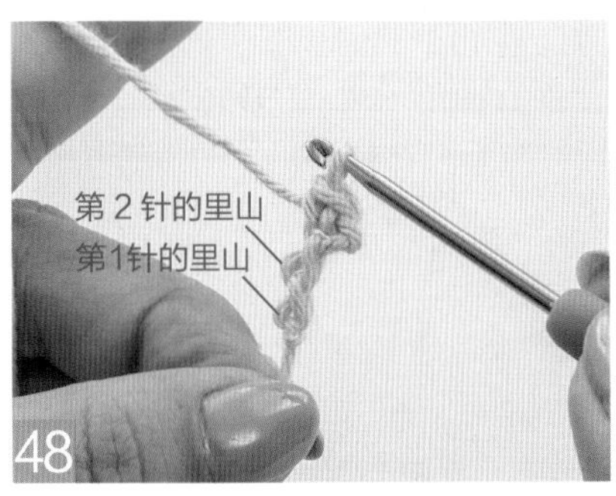

在第3针的里山中织入1针短针后如图。

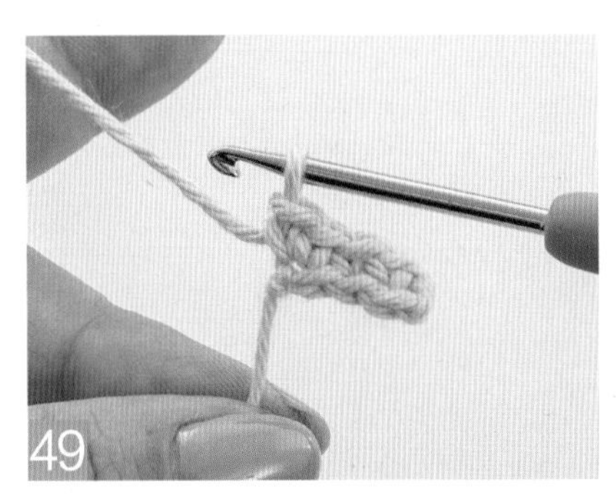

按照同样的方法，在第2针的里山中钩织1针短针。第1针的里山中织入2针短针。

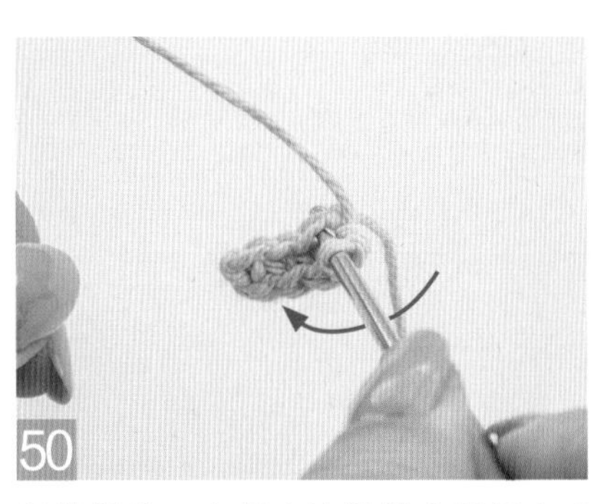

翻转织片，在第1针锁针中再织入2针短针。

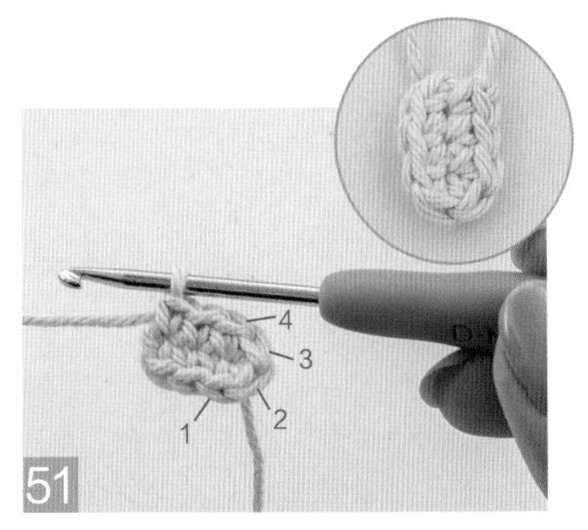

起针的顶端织入4个针脚，耳朵钩织完成后如图。再钩织另一只耳朵（参照P34）。

各部分钩织完成

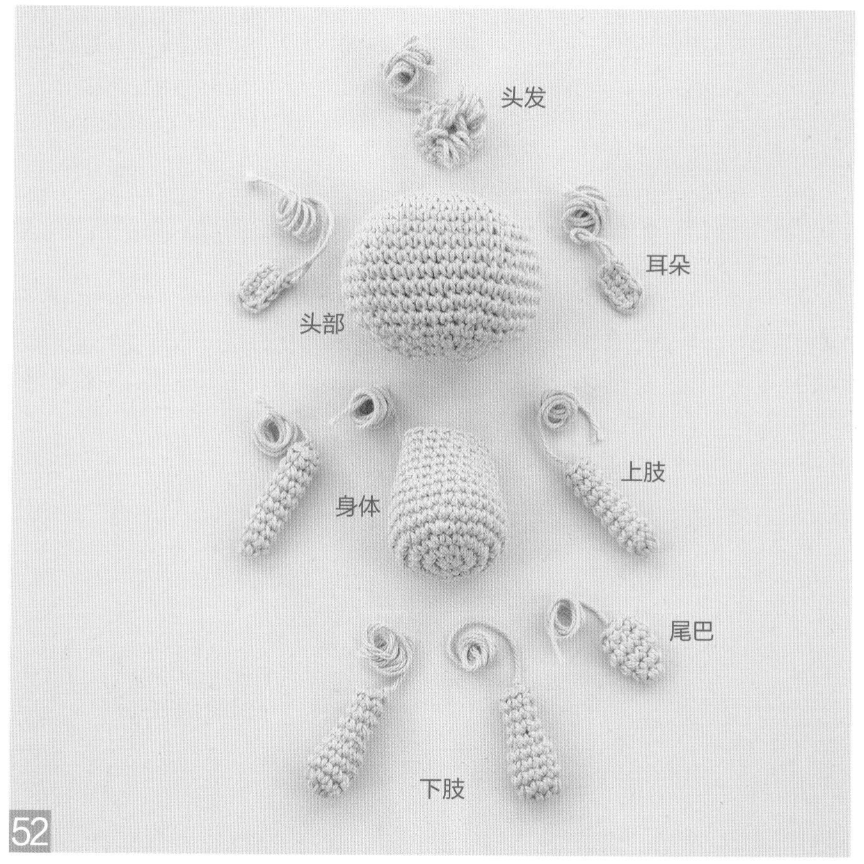

各部分钩织完成。身体和尾巴按照步骤 1~16 的方法用圆环起针的方法钩织（参照 P34）。

塞入棉花

用镊子塞入棉花，以织片的表面饱满、捏按时不会变形为标准。身体也用同样的方法塞入棉花。上肢、下肢仅顶端塞入棉花即可。

缝合

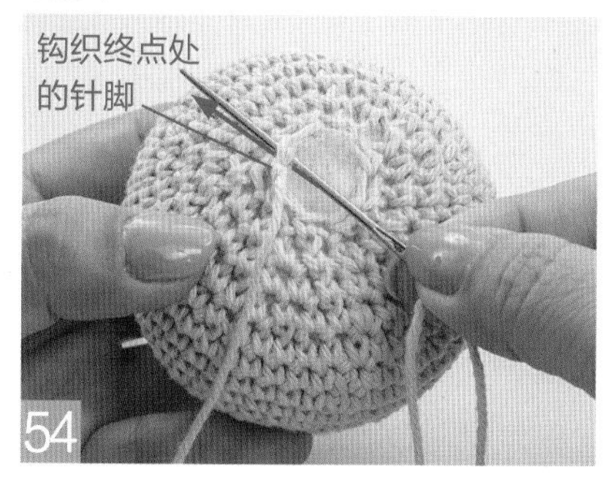

钩织终点处的线头穿入毛线用缝纫针中，从内向外穿入第 1 针中。

从外向内穿入旁边的针脚中，将头针的内侧半针挑起。剩余的针脚按照从内向外、从外向内的方法交替穿线。

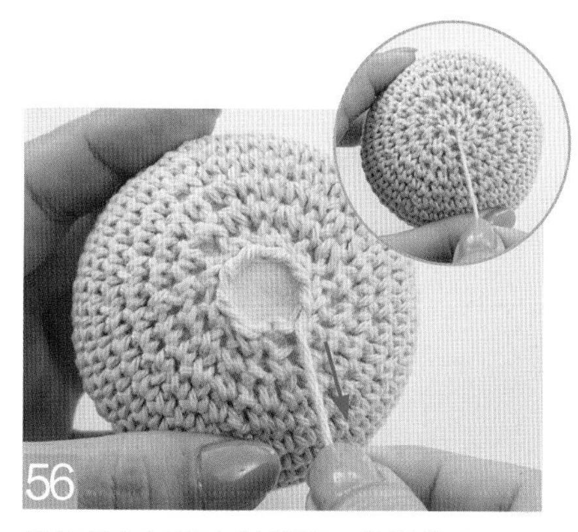

编织线穿过所有针脚后，拉紧线头。

将针插入终点处，处理线头。在距离 3 针的位置处穿出针，以便将线藏到棉花中。

在织片的正面打结。

将针刺入步骤57穿出针的位置，然后相隔一段距离穿出。将结头拉到里面，藏好后剪断线。

拼接各部分

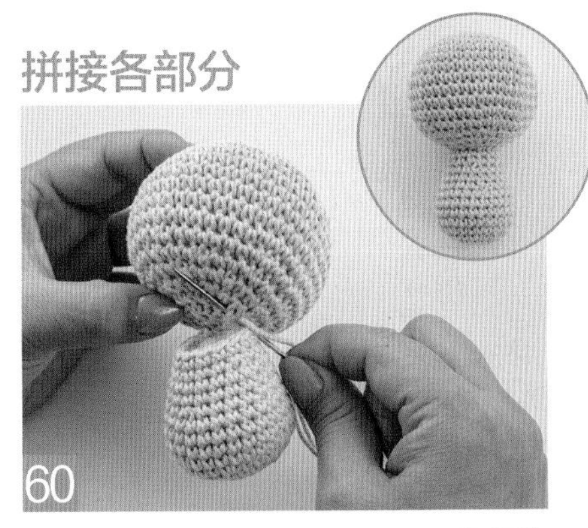

用卷针缝合的方法将头部与身体拼接（参照P35）。然后按照步骤57~59的方法处理线头。

拼接耳朵、上肢、下肢、头发和尾巴。拼接前用绷针先仔细确定好拼接的位置（参照P35）。

用卷针缝合的方法将各部分拼接。

刺绣出眼睛、嘴巴

刺绣用的编织线穿入毛线用缝纫针中，打结。从刺绣位置穿出针拉紧线，将结头拉到织片里侧。

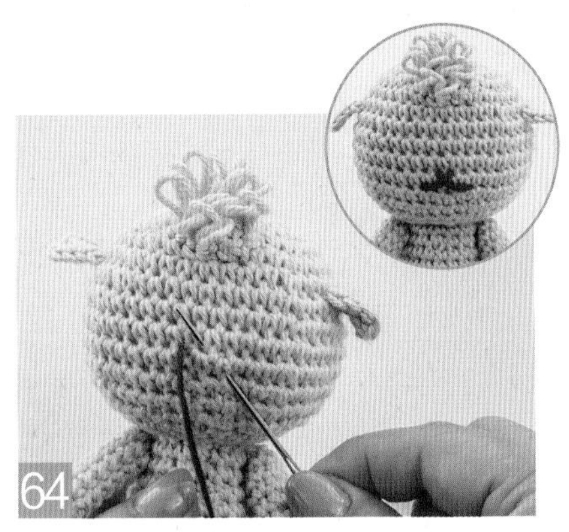

用直线缝针迹绣出嘴巴（参照P35）。刺绣完后将针从头部后方穿出，处理好线头。

用2股线和缎纹针迹绣出眼睛，刺绣完成后从头部后方穿出针，处理好线头。

小羊完成。

小羊　P14

[成品尺寸]　约 8 cm × 17 cm

[材料]
DMC HAPPY CHENILLE（每卷 15 g）
SODA POP（021）……19 g、CHEEKY（015）……4 g
DMC HAPPY COTTON（每卷 20 g）
淡蓝色（785）、红茶色（791）……各 1 m（眼睛、嘴巴用）
手工棉

[用具] 5/0 号钩针、毛线用缝纫针

[钩织方法]
用 1 股线按照指定的配色方法换色钩织头部、上肢和下肢。
❶ 钩织各部分。
❷ 在头部、身体、上肢、下肢塞入棉花。
❸ 收紧头部缝合，然后用卷针缝合的方法将身体、耳朵、头发与头部拼接。
❹ 用卷针缝合的方法将上肢、下肢、尾巴与身体拼接。
❺ 绣出眼睛、嘴巴。

∨ = 短针1针分2针　　∧ = 变化的短针2针并1针（P28）　　 短针的环形针1针分3针

头部（1 块）

□ =SODA POP　■ =CHEEKY

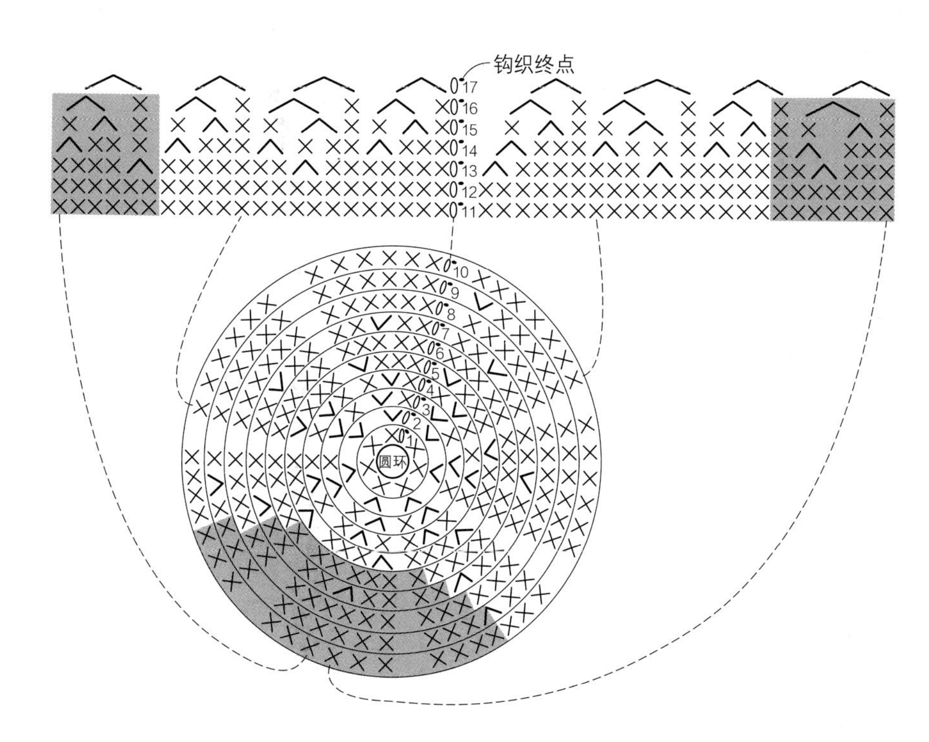

针数表

行数	针数	加减针数
17	8针	每行减8针
16	16针	
15	24针	
14	32针	
13	40针	减5针
10～12	45针	无加减针
9	45针	加3针
8	42针	无加减针
7	42针	加7针
6	35针	无加减针
5	35针	每行加7针
4	28针	
3	21针	
2	14针	
1	7针	

身体（1块）SODA POP

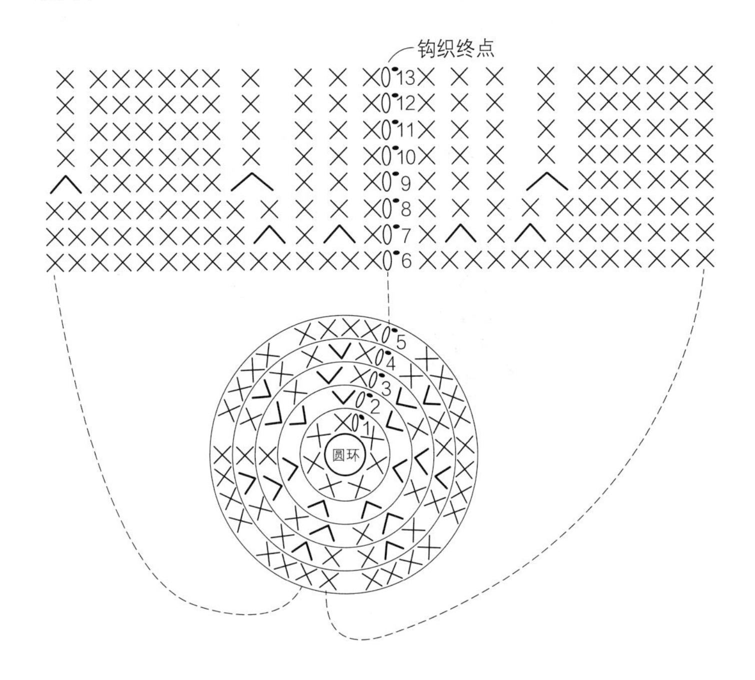

针数表

行数	针数	加减针数
10～13	21针	无加减针
9	21针	减3针
8	24针	无加减针
7	24针	减4针
5、6	28针	无加减针
4	28针	每行加7针
3	21针	
2	14针	
1	7针	

头发（1块）SODA POP

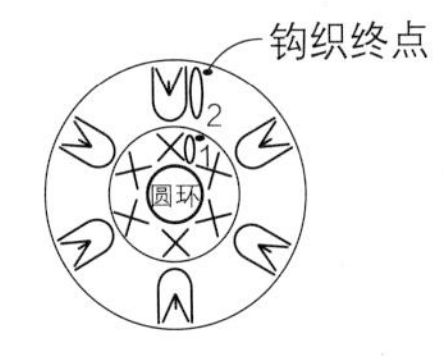

※织片的反面用作正面

针数表

行数	针数	加针数
2	18针	加12针
1	6针	

尾巴（1块）SODA POP

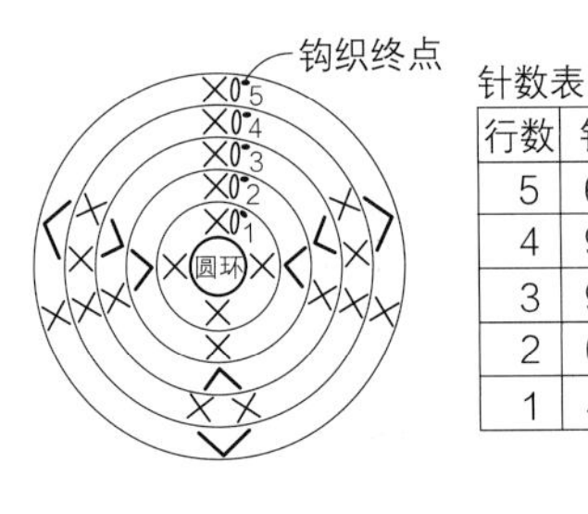

针数表

行数	针数	加减针数
5	6针	减3针
4	9针	无加减针
3	9针	加3针
2	6针	加2针
1	4针	

耳朵（2块）SODA POP

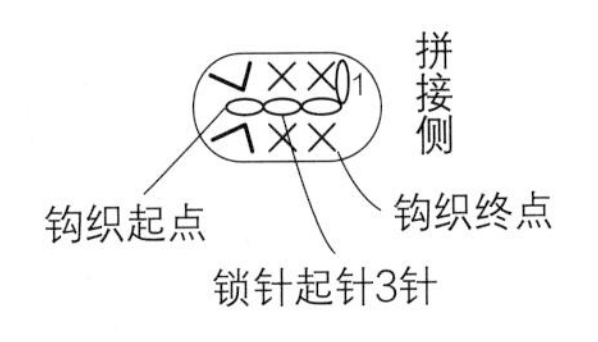

上肢（2块）

□ =SODA POP　▒ =CHEEKY

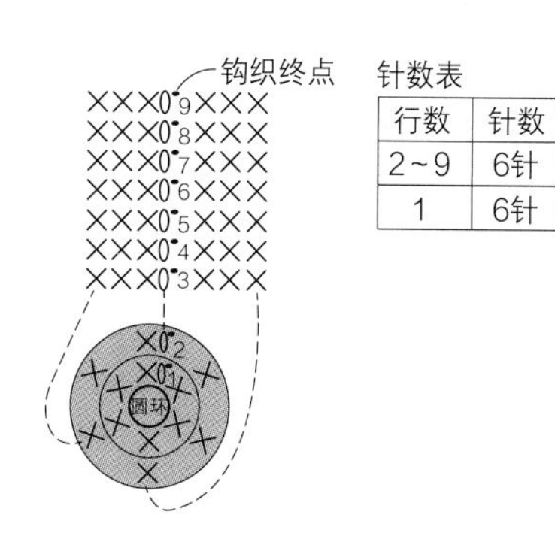

针数表

行数	针数
2~9	6针
1	6针

下肢（2块）

□ =SODA POP　▒ =CHEEKY

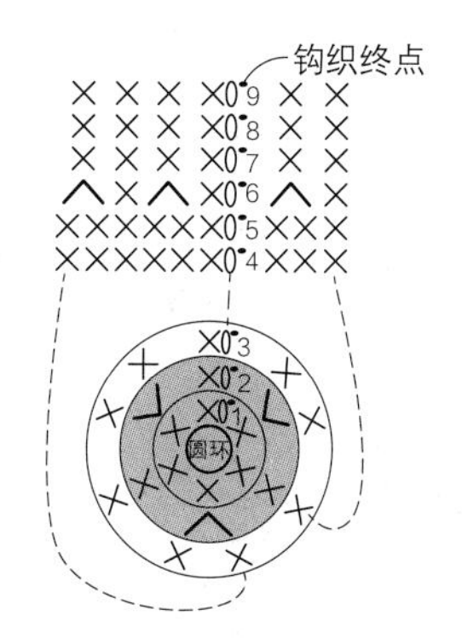

针数表

行数	针数	加减针数
7~9	6针	无加减针
6	6针	减3针
3~5	9针	无加减针
2	9针	加3针
1	6针	

拼接各部分的位置

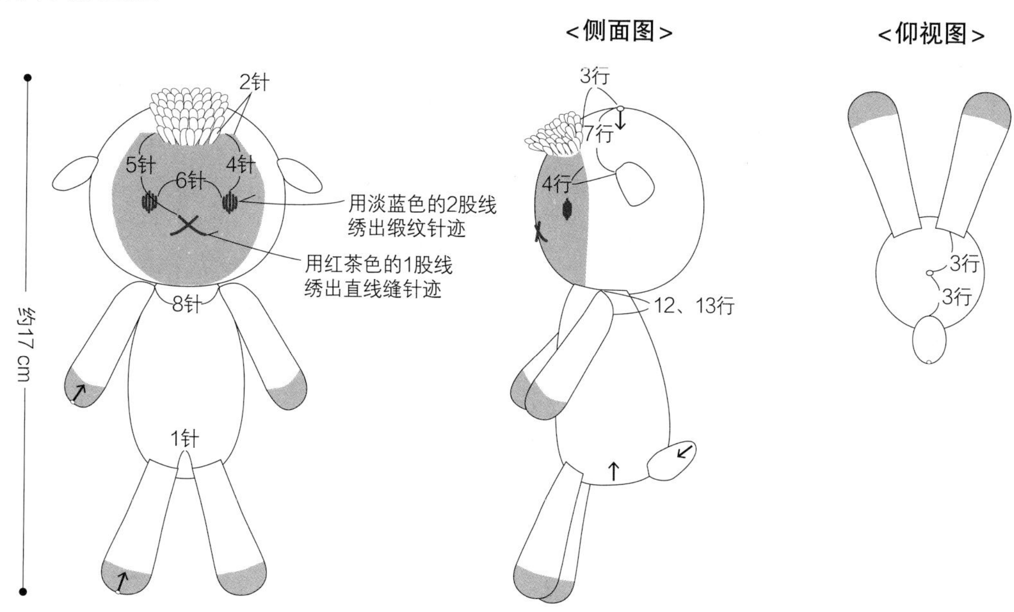

小熊 P6

[成品尺寸] 约 8 cm × 16 cm

[材料]
DMC HAPPY CHENILLE（每卷 15 g）
DUCKLING（014）……15 g、SPLASH（026）……4 g、
SNOWFLAKE（020）、FUZZY（013）……各 1 g
DMC HAPPY COTTON（每卷 20 g）
茶色（777）、红茶色（791）……各 1 m（眼睛、鼻尖用）
手工棉

[用具] 5/0 号钩针、毛线用缝纫针

[钩织方法]
用 1 股线按照指定的配色方法换色钩织下肢。
❶ 钩织各部分。
❷ 在头部、身体、上肢、下肢、尾巴塞入棉花。
❸ 收紧头部缝合，然后用卷针缝合的方法将身体、耳朵与头部拼接。
❹ 用卷针缝合的方法将鼻子与头部拼接。
❺ 用卷针缝合的方法将上肢、下肢、尾巴与身体拼接。
❻ 绣出眼睛、鼻尖。

※ 下肢按照P35 小羊的方法钩织……各 2 块　□ =DUCKLING　■ =SPLASH

∨ = 短针1针分2针　∧ = 变化的短针2针并1针（P28）

头部（1 块）DUCKLING

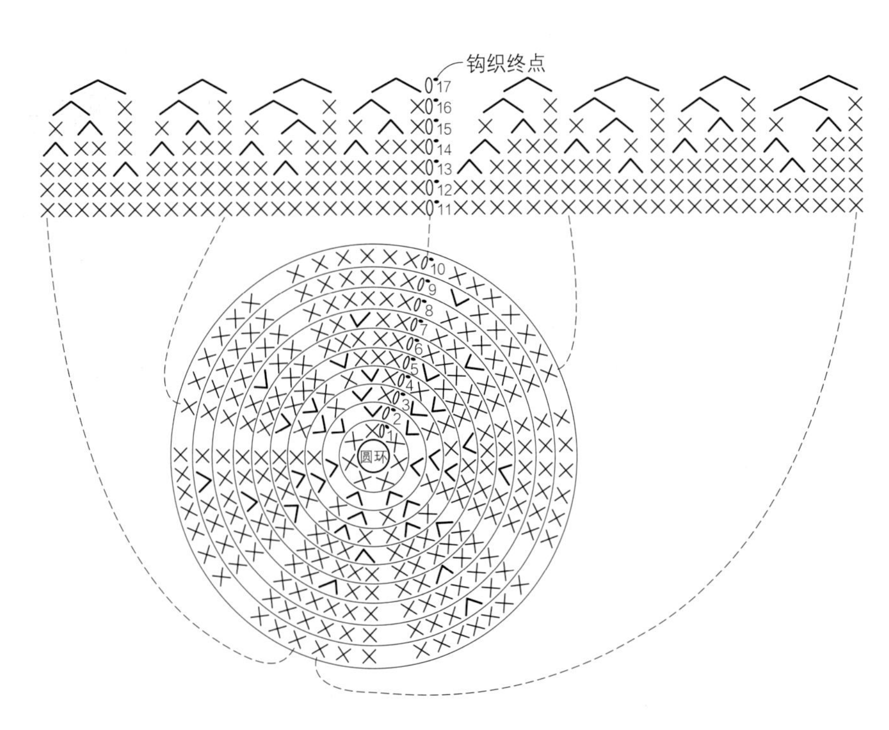

针数表

行数	针数	加减针数
17	8针	每行减8针
16	16针	
15	24针	
14	32针	
13	40针	减5针
10～12	45针	无加减针
9	45针	加3针
8	42针	无加减针
7	42针	加7针
6	35针	无加减针
5	35针	每行加7针
4	28针	
3	21针	
2	14针	
1	7针	

鼻子（1块）SNOWFLAKE

针数表

行数	针数	加针数
2	12针	加6针
1	6针	

身体（1块）DUCKLING

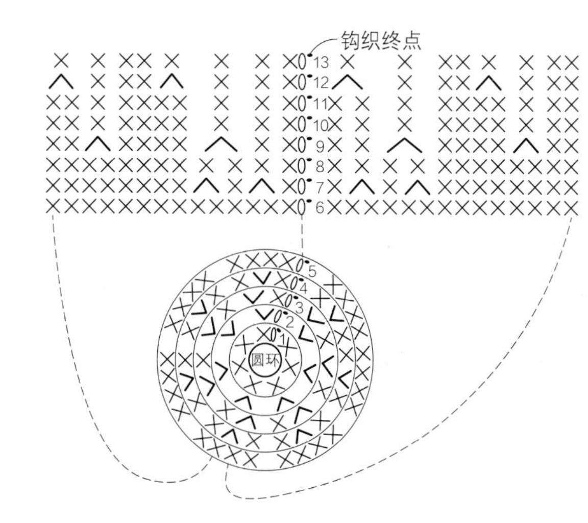

针数表

行数	针数	加减针数
13	16针	无加减针
12	16针	减4针
10、11	20针	无加减针
9	20针	减4针
8	24针	无加减针
7	24针	减4针
5、6	28针	无加减针
4	28针	每行加7针
3	21针	
2	14针	
1	7针	

尾巴（1块）FUZZY

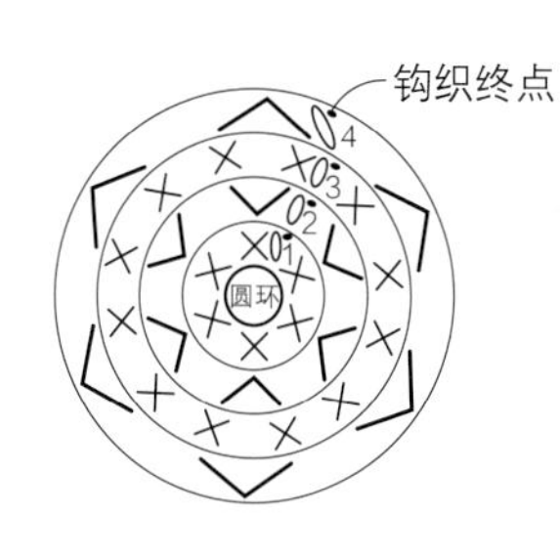

针数表

行数	针数	加减针数
4	6针	减6针
3	12针	无加减针
2	12针	加6针
1	6针	

上肢（2块）SPLASH

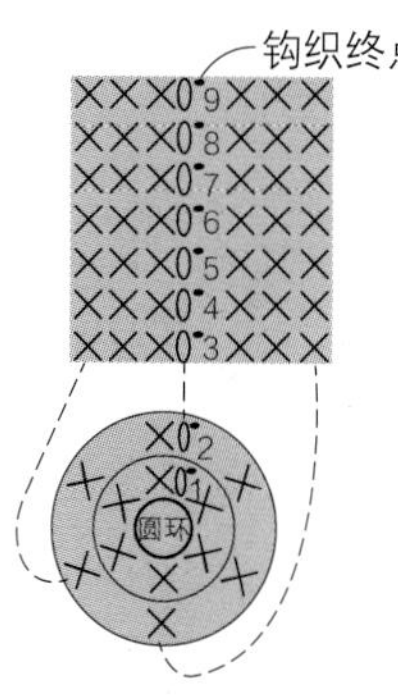

针数表

行数	针数
2~9	6针
1	6针

耳朵（2块）SPLASH

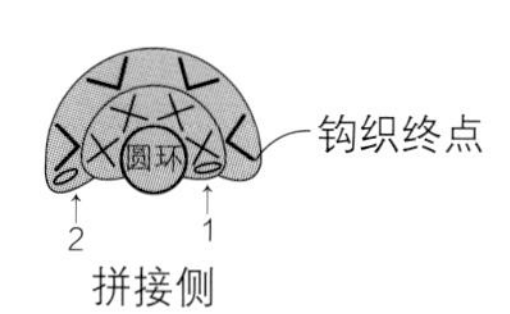

拼接各部分的位置

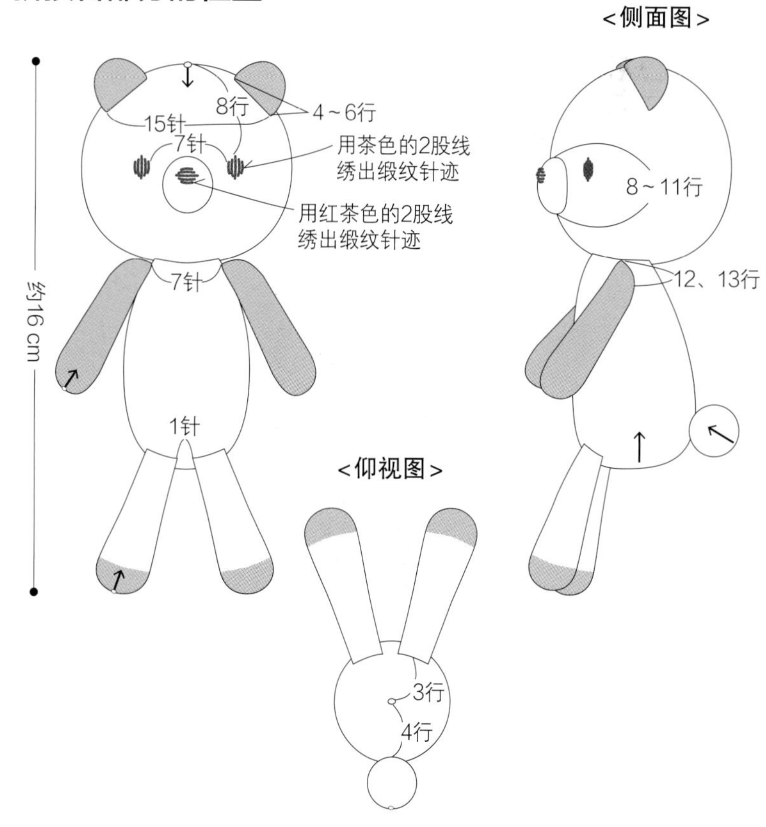

兔子 P6

[成品尺寸] 约 8 cm × 19 cm

[材料]
DMC HAPPY CHENILLE（每卷 15 g）
CHEEKY（015）……17 g、FAIRY DUST（019）……3 g、
DUCKLING（014）……15 g、SNOWFLAKE（020）……1 g、
DMC HAPPY COTTON（每卷 20 g）
红色（754）、淡蓝色（785）……各 1 m（眼睛、鼻尖用）
手工棉

[用具] 5/0 号钩针、毛线用缝纫针

[钩织方法]
用 1 股线按照指定的配色方法换色钩织上肢和下肢。
❶ 钩织各部分。
❷ 在头部、身体、上肢、下肢塞入棉花。
❸ 收紧头部缝合，然后用卷针缝合的方法将身体、耳朵与头部拼接。
❹ 用卷针缝合的方法将鼻子与头部拼接。
❺ 用卷针缝合的方法将上肢、下肢、尾巴与身体拼接。
❻ 绣出眼睛、鼻尖。

※ 头部按照P36 小熊的方法钩织……1 块 CHEEKY
身体按照P37 小熊的方法钩织……1 块 CHEEKY
上肢、下肢按照P35 小羊的方法钩织……各 2 块 □ =CHEEKY ■ =DUCKLING

⋁ = 短针1针分2针　　⋀ = 变化的短针2针并1针（P28）

尾巴（1 块）FAIRY DUST

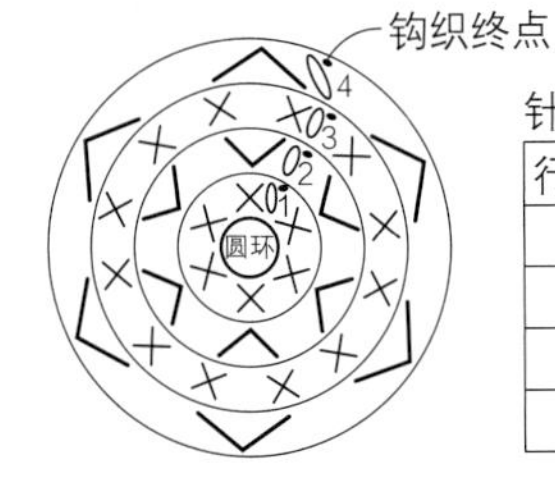

针数表

行数	针数	加减针数
4	6针	减6针
3	12针	无加减针
2	12针	加6针
1	6针	

鼻子（1 块）SNOWFLAKE

针数表

行数	针数	加针数
2	12针	加6针
1	6针	

耳朵（2 块）FAIRY DUST

拼接各部分的位置

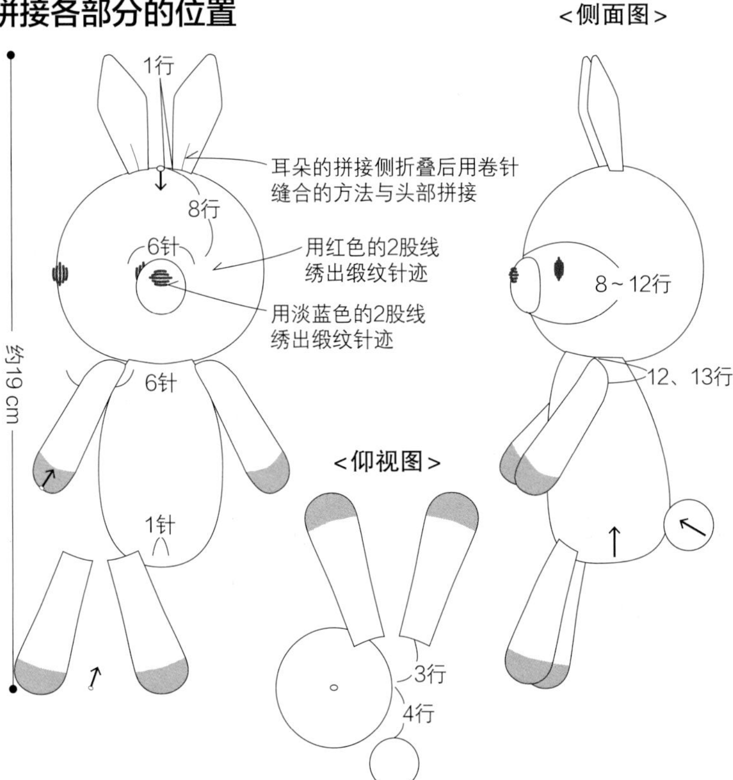
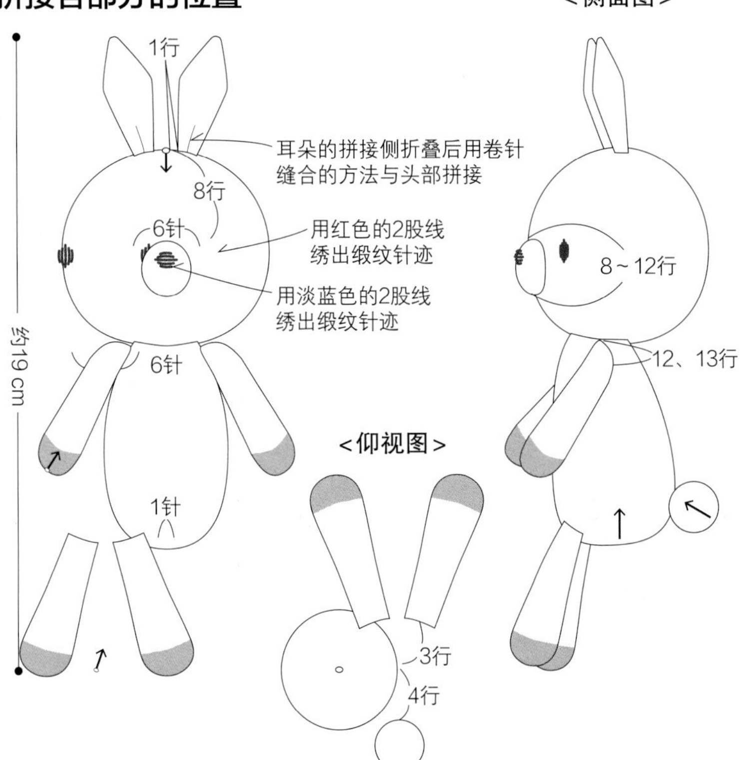

考拉 P6

[成品尺寸] 约 8 cm × 16 cm

[材料]
DMC HAPPY CHENILLE（每卷 15 g）
FLUFFY（011）……18 g，TWINKLE（018）、TUTTI FRUTTI（032）……各 2 g，INK SPOT（022）……1 g
DMC HAPPY COTTON（每卷 20 g）
黑色（775）……1 m（眼睛用）
手工棉

[用具] 5/0 号钩针、毛线用缝纫针

[钩织方法]
用 1 股线按照指定的配色方法换色钩织上肢和下肢。
❶ 钩织各部分。
❷ 在头部、身体、上肢、下肢塞入棉花。
❸ 收紧头部缝合，然后用卷针缝合的方法将身体、耳朵与头部拼接。
❹ 收紧鼻子缝合，沿纵向对折，再用卷针缝合的方法与头部拼接。
❺ 用卷针缝合的方法将上肢、下肢与身体拼接。
❻ 绣出眼睛。

※ 头部按照P36 小熊的方法钩织……1 块 FLUFFY
身体按照P37 小熊的方法钩织……1 块 FLUFFY
上肢、下肢按照P35 小羊的方法钩织……各 2 块 □ =FLUFFY ■ =TUTTI FRUTTI

∨ = 短针1针分2针

耳朵（2 块）TWINKLE

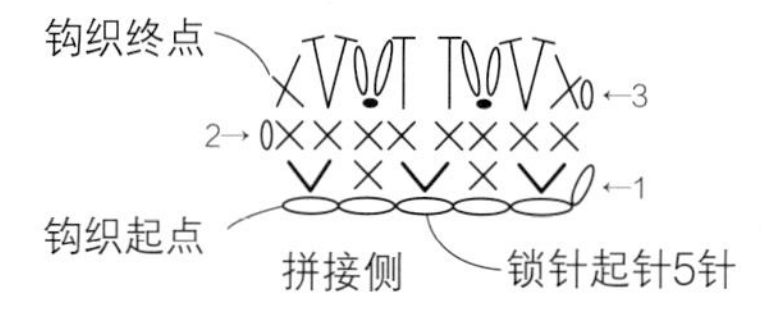

鼻子（1 块）INK SPOT

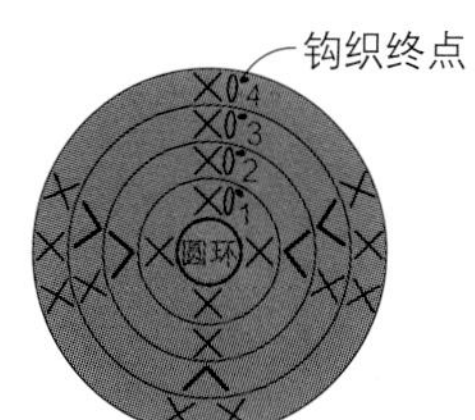

针数表

行数	针数	加减针数
4	9针	无加减针
3	9针	加3针
2	6针	加2针
1	4针	

拼接各部分的位置

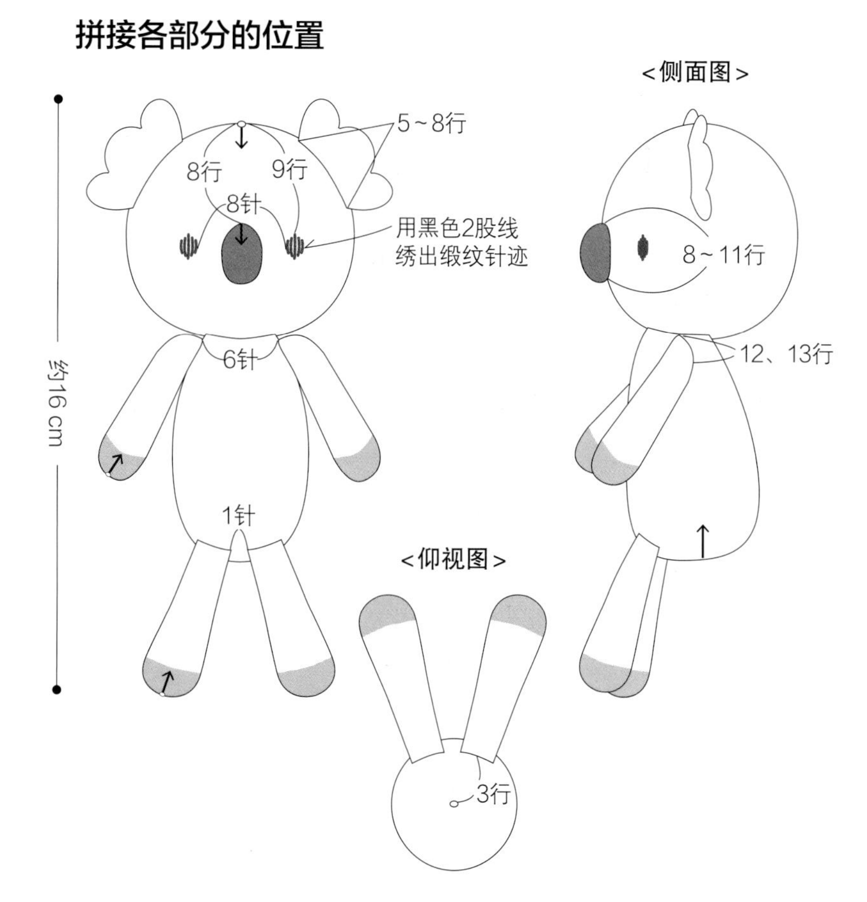

动物零钱包　P7

[成品尺寸]　约 11 cm×9 cm（不含耳朵）

[材料]
DMC HAPPY CHENILLE（每卷 15 g）
<小熊> DUCKLING（014）……10 g，SPLASH（026）、SNOWFLAKE（020）……各 1 g
<小兔子> CHEEKY（015）……10 g、FAIRY DUST（019）……2 g、SNOWFLAKE（020）……1 g
<考拉> FLUFFY（011）……10 g、TWINKLE（018）……2 g、INK SPOT（022）……1 g
DMC HAPPY COTTON（每卷 20 g）
<小熊> 茶色（777）、红茶色（791）……各 1 m（眼睛、鼻尖用）
<小兔子> 红色（754）、淡蓝色（785）……各 1 m（眼睛、鼻尖用）
<考拉> 黑色（775）……1 m（眼睛用）
长 12 cm 的拉链 1 根

[用具] 5/0 号钩针、毛线用缝纫针、缝纫线、缝衣针

[钩织方法]
用 1 股线钩织。
❶ 主体部分钩织 4 针锁针进行起针，然后用短针加针的同时继续钩织。
❷ 钩织贴边、鼻子和耳朵。
❸ 钩织 1 块主体，再用卷针缝合的方法与鼻子拼接。
❹ 用卷针缝合的方法将贴边与主体拼接。拉链缝到开口处。再用卷针缝合的方法与耳朵拼接。
❺ 刺绣出眼睛、鼻尖（小熊、小兔子）。

※小熊的鼻子、耳朵按照P37 小熊的方法钩织……鼻子（1 块）SNOWFLAKE、耳朵（2 块）SPLASH
小兔子的鼻子、耳朵按照P38 小兔子的方法钩织……鼻子（1 块）SNOWFLAKE、耳朵（2 块）FAIRY DUST
考拉的鼻子、耳朵按照P39 考拉的方法钩织……鼻子（1 块）INK SPOT、耳朵（2 块）TWINKLE

V = V̈　短针1针分2针

主体（2 块）
<小熊> DUCKLING　<小兔子> CHEEKY　<考拉> FLUFFY

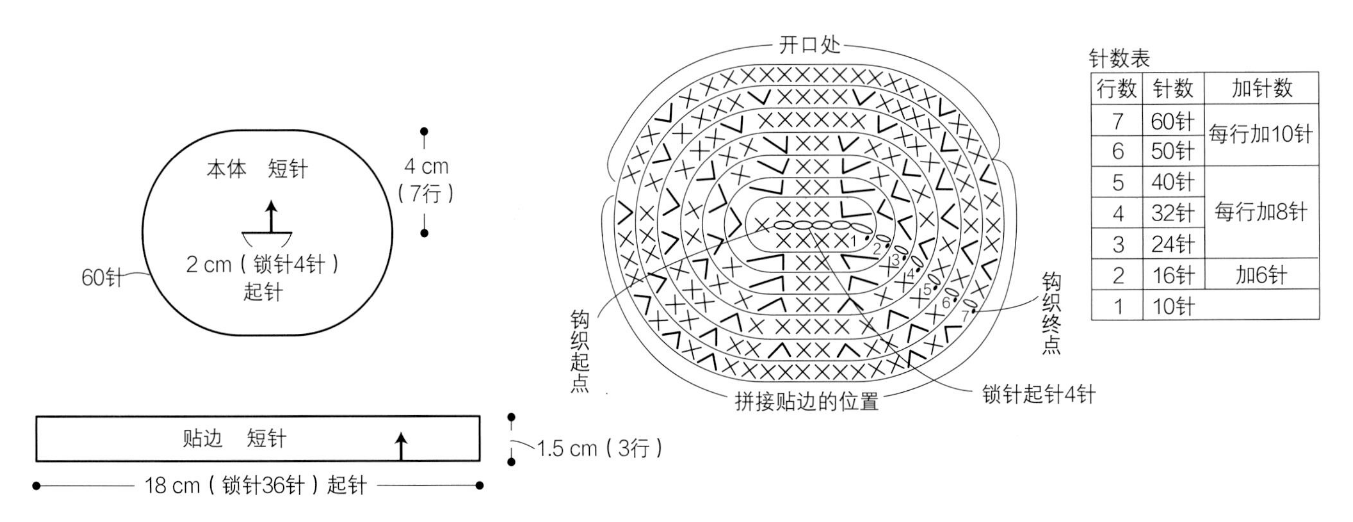

针数表

行数	针数	加针数
7	60针	每行加10针
6	50针	
5	40针	每行加8针
4	32针	
3	24针	
2	16针	加6针
1	10针	

贴边（1块）

<小熊> DUCKLING　<小兔子> CHEEKY　<考拉> FLUFFY

完成

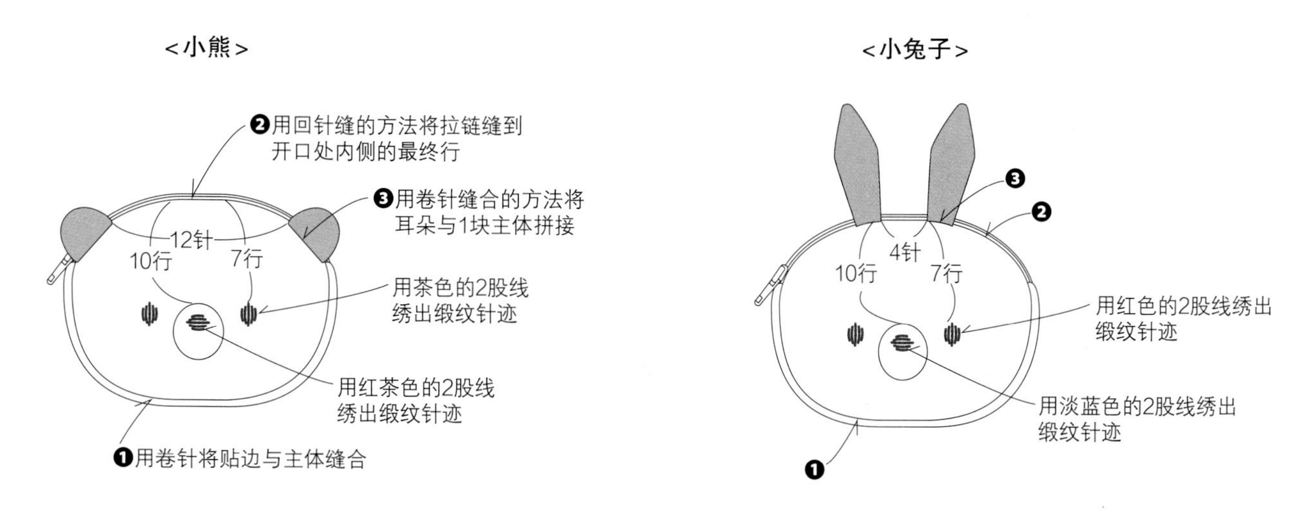

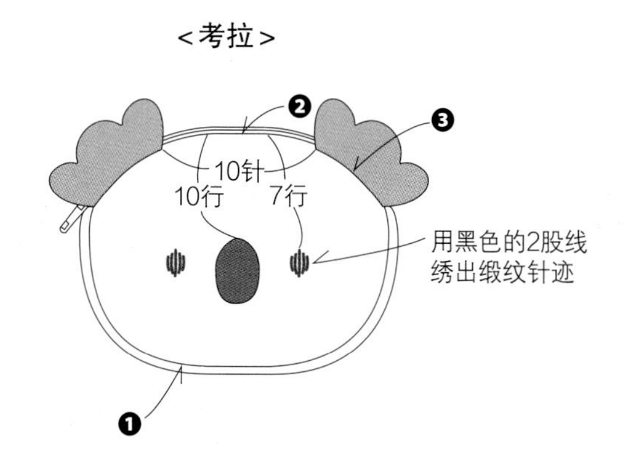

大象 P9

[成品尺寸] 约 13 cm×8 cm

大象制作视频 1

大象制作视频 2

大象制作视频 3

[材料]
DMC HAPPY CHENILLE（每卷 15 g）
FAIRY DUST（019）……16 g、FIZZY（029）……2 g
DMC HAPPY COTTON（每卷 20 g）
藏蓝色（758）……各 1 m（眼睛用）
手工棉

[用具] 5/0 号钩针、毛线用缝纫针

[钩织方法]
用 1 股线钩织。
❶ 钩织身体、耳朵、尾巴和鼻尖。
❷ 从身体挑针，钩织鼻根、身体下侧。
❸ 从身体挑针，塞入棉花的同时继续钩织下肢，然后收紧脚部，缝合。
❹ 在身体和鼻尖塞入棉花，用卷针缝合。
❺ 用卷针缝合的方法将耳朵、尾巴与主体拼接。
❻ 绣出眼睛。

∨ = 短针1针分2针　∧ = 变化的短针2针并1针（P28）　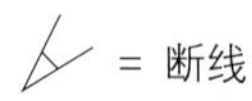 = 断线　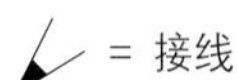 = 接线

身体（1 块）FAIRY DUST

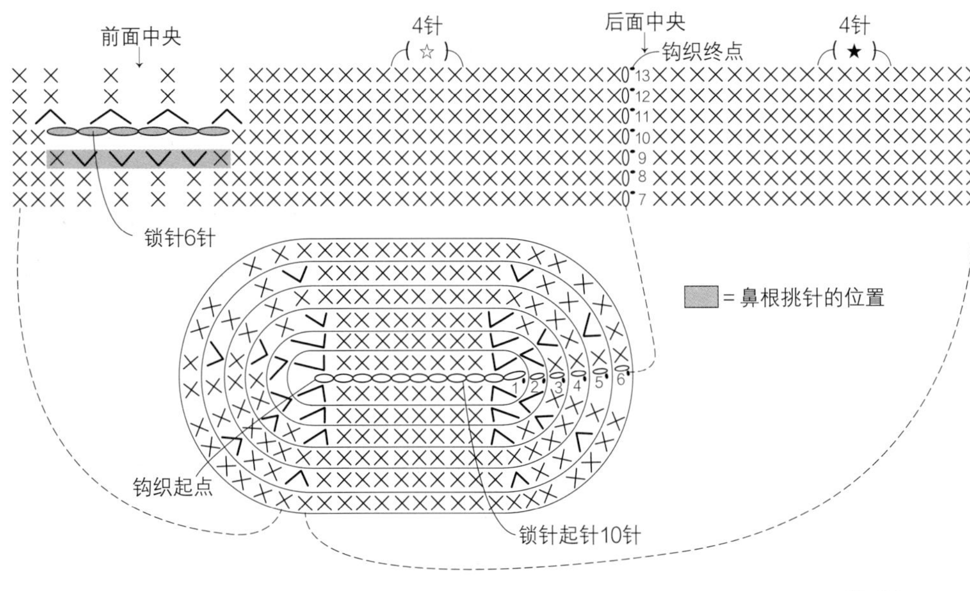

针数表

行数	针数	加减针数
12、13	44针	无加减针
11	44针	减4针
10	48针	减4针
9	52针	加4针
6~8	48针	无加减针
5	48针	加8针
4	40针	无加减针
3	40针	每行加8针
2	32针	
1	24针	

尾巴（1 块）FAIRY DUST

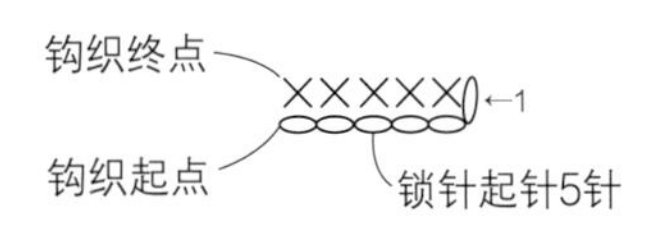

鼻根 FAIRY DUST

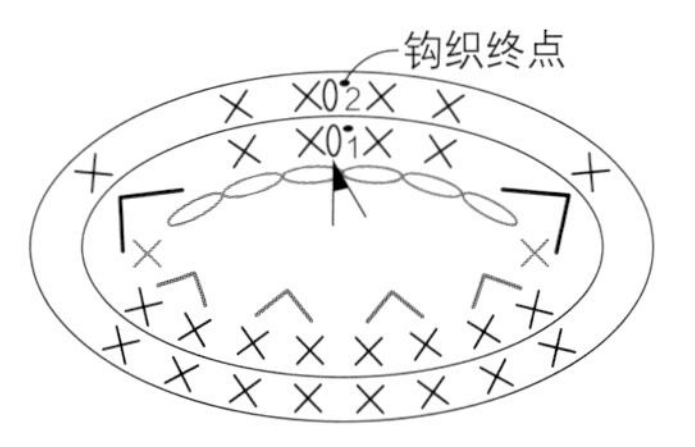

从身体拼接鼻根的位置挑针，然后继续钩织

针数表

行数	针数
2	14针
1	挑14针

身体下侧 FAIRY DUST

下肢挑针的位置

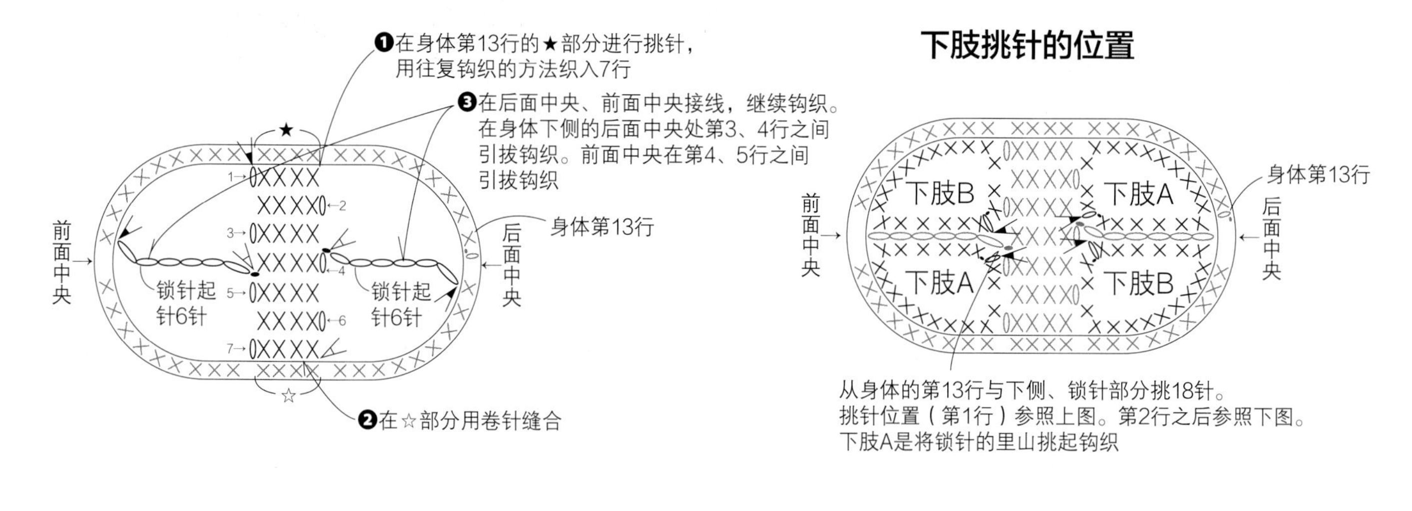

从身体的第13行与下侧、锁针部分挑18针。
挑针位置（第1行）参照上图。第2行之后参照下图。
下肢A是将锁针的里山挑起钩织

鼻尖（1块）FAIRY DUST

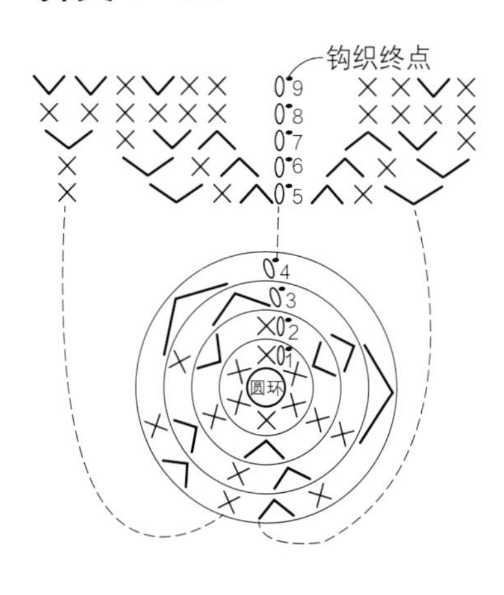

针数表

行数	针数	加减针数
9	14针	加4针
8	10针	无加减针
7	10针	加1针
3~6	9针	无加减针
2	9针	加3针
1	6针	

下肢A FAIRY DUST

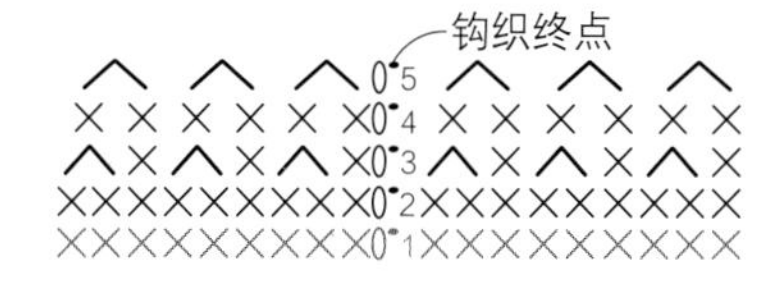

针数表

行数	针数	加减针数
5	6针	减6针
4	12针	无加减针
3	12针	减6针
2	18针	无加减针
1	挑18针	

下肢B FAIRY DUST

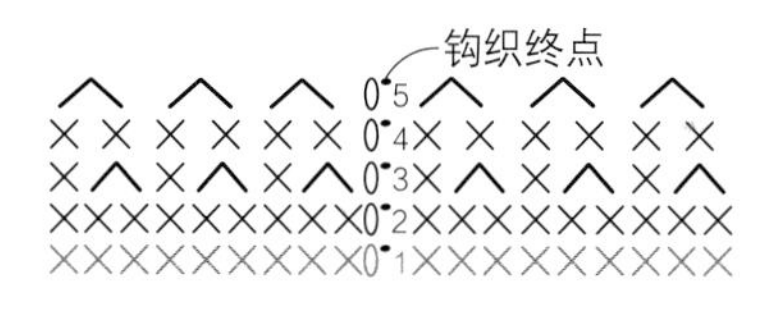

针数表

行数	针数	加减针数
5	6针	减6针
4	12针	无加减针
3	12针	减6针
2	18针	无加减针
1	挑18针	

耳朵（2块）FIZZY

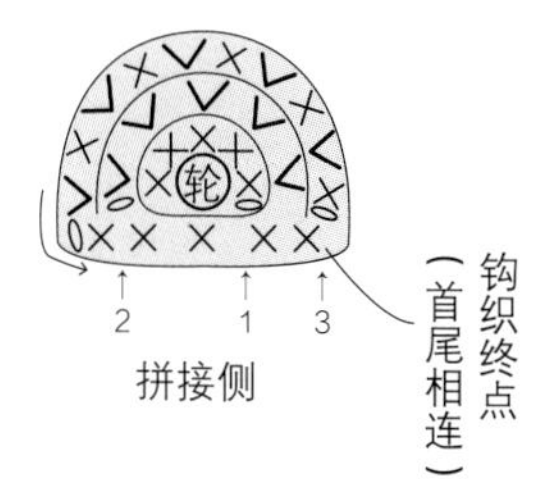

针数表

行数	针数	加针数
3	20针	加10针
2	10针	加5针
1	5针	

拼接各部分的位置

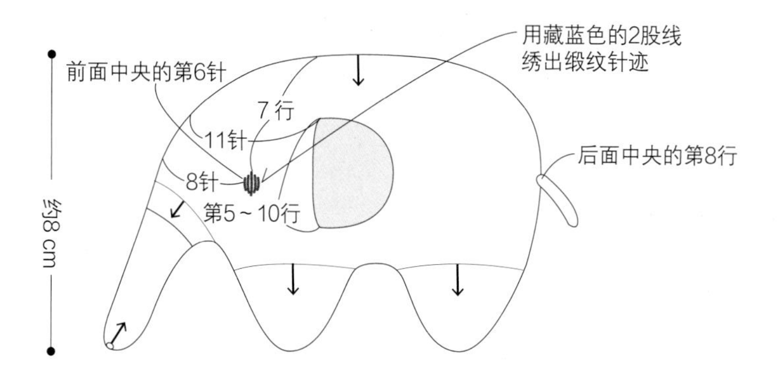

首尾相连：钩织完第20针，留出30 cm的线头后剪断。然后直接抽出线头。
线头穿入毛线用缝纫针中，再将第3行第1针的头针2根线挑起，拉紧线。

大象抱枕 P8

[成品尺寸] 约 44 cm × 38 cm

[材料]
SIRDAR SUPER HAPPY CHENILLE（每卷 300 g）
HIPPO（155）……460 g
DMC HAPPY CHENILLE（每卷 15 g）
BON BON（017）……10 g、SNOWFLAKE（020）……8 g、
INK SPOT（022）……1 g（眼睛用）
手工棉

[用具] 8/0 号钩针、10 mm 钩针、毛线用缝纫针

[钩织方法]
除指定以外均是 1 股线，帽子按照指定的配色方法换色钩织。
❶ 钩织身体、耳朵、尾巴和鼻尖。
❷ 从身体挑针，钩织鼻根、身体下侧。
❸ 从身体挑针，塞入棉花的同时继续钩织下肢，然后收紧下肢，缝合。
❹ 在身体和鼻尖塞入棉花，用卷针缝合。
❺ 用卷针缝合的方法将耳朵、尾巴与身体拼接。
❻ 帽子里塞入棉花，用卷针缝合的方法与头部拼接。
❼ 绣出眼睛。

※ 大象的主体用 10 mm 钩针和 HIPPO 编织线按照 P42、P43 大象的方法钩织

∨ = 短针1针分2针　　✕ = 钩织第12行时，将上一行短针的头针内侧1根线挑起，再织入短针

帽子（1 块）2 股线 8/0 号钩针

□ =SNOWFLAKE　■ =BON BON

钩织终点

圆环

拼接各部分的位置

※ 除指定以外，拼接位置与P42、P43 的大象相同

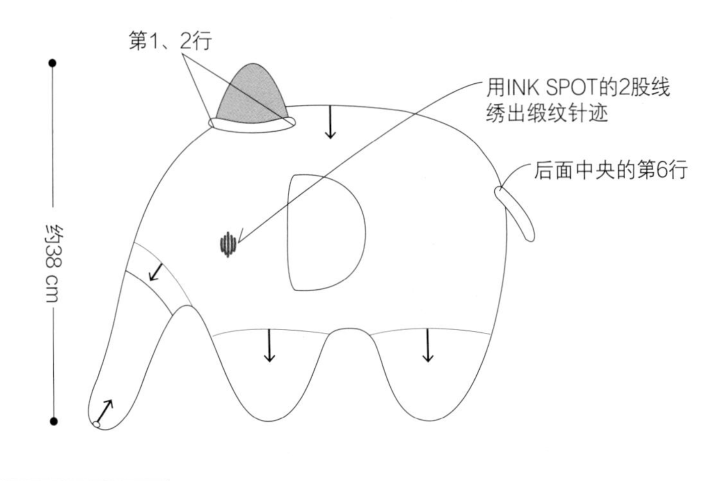

针数表

行数	针数	加减针数
10～13	30针	无加减针
9	30针	每行加3针
8	27针	
7	24针	
6	21针	
5	18针	
4	15针	
3	12针	
2	9针	
1	6针	

树懒　P10

[成品尺寸]　约 8 cm × 16 cm

[材料]
DMC HAPPY CHENILLE（每卷 15 g）
MOSSY（023）……19 g、FROTHY（010）……4 g
SNOWFLAKE（020）、TEDDY（028）……各 1 g
DMC HAPPY COTTON（每卷 20 g）
黑色（775）……1 m（眼睛用）
手工棉

[用具] 5/0 号钩针、毛线用缝纫针

[钩织方法]
用 1 股线按照指定的配色方法换色钩织上肢和下肢。
❶ 钩织各部分。
❷ 头部、身体、上肢、下肢塞入棉花。
❸ 收紧头部缝合，身体、脸部用卷针缝合的方法拼接。
❹ 用卷针缝合的方法将上肢、下肢与身体拼接。
❺ 眼周、鼻子用卷针缝合的方法与脸部拼接，然后绣出眼睛、鼻尖。

※ 头部按照P36 小熊的方法钩织……1 块　MOSSY
上肢、下肢按照P35 小羊的方法钩织……各 2 块　□ = MOSSY　■ = FROTHY

⋁ = 短针1针分2针　　⋁ = 短针1针分3针　　⋀ = 变化的短针2针并1针（P28）

身体（1 块）MOSSY

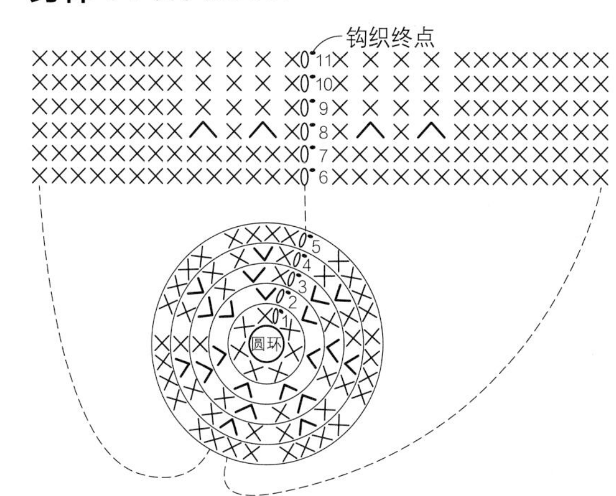

针数表

行数	针数	加减针数
9～11	24针	无加减针
8	24针	减4针
5～7	28针	无加减针
4	28针	每行加7针
3	21针	
2	14针	
1	7针	

脸部（1 块）FROTHY

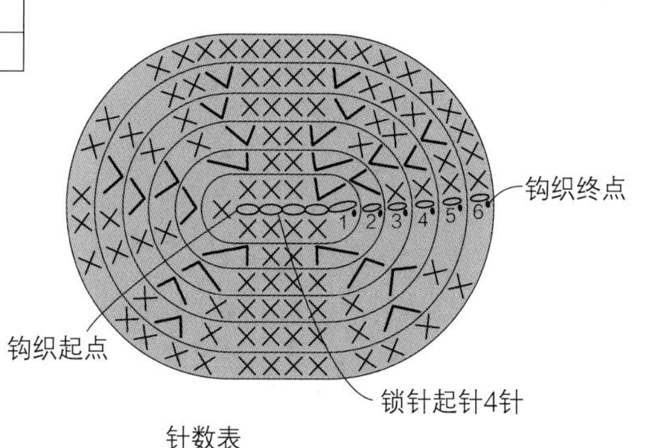

针数表

行数	针数	加减针数
6	34针	无加减针
5	34针	每行加6针
4	28针	
3	22针	
2	16针	
1	10针	

鼻子（1 块）SNOWFLAKE

针数表

行数	针数	加针数
2	9针	加3针
1	6针	

眼周（2 块）TEDDY

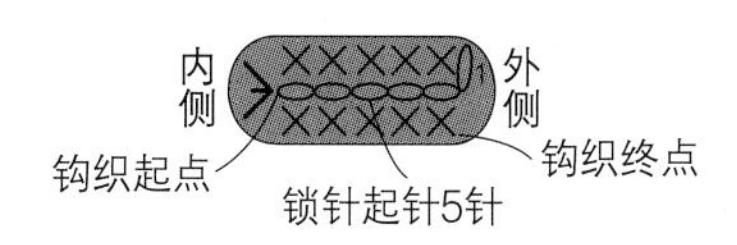

※ 各部分的拼接位置参照P68

树懒纸巾盒套 P11

[成品尺寸] 长约 45 cm

[材料]
DMC HAPPY CHENILLE（每卷 15 g）
MOSSY（023）……200 g、FROTHY（010）……20 g、
TEDDY（028）……3 g、SNOWFLAKE（020）……1 g
DMC HAPPY COTTON（每卷 20 g）
黑色（775）……3 m（眼睛、鼻尖用）
手工棉
直径 2 cm子母扣 1 对

[用具] 8/0 号钩针、毛线用缝纫针、缝纫线、缝衣针

[钩织方法]
用 2 股线按照指定的配色方法换色钩织上肢和下肢。

❶ 底部织入 10 针锁针起针，然后用短针进行加针，钩织 5 行。在底部接入其他线，侧面用往复钩织的短针织入 33 行，无需加减针。开口处用短针钩织 3 行，无需加减针。然后从纸巾出口处挑针，织入 1 行花边。
❷ 钩织头部、脸部、眼周、鼻子、上肢、下肢、纽扣和环圈。
❸ 头部、上肢、下肢和纽扣塞入棉花。
❹ 收紧头部缝合，用卷针缝合的方法与脸部拼接。
❺ 眼周、鼻子用卷针缝合的方法与脸部拼接，然后绣出眼睛、鼻尖。
❻ 主体花边部分的上下两侧用卷针缝合。然后再用卷针缝合的方法将头部、上肢、下肢、纽扣、环圈与主体拼接。最后将子母扣缝到两手上。

※ 头部、脸部、眼周、鼻子按照P45 树懒的方法用 2 股线钩织
头部（1 块）MOSSY、脸部（1 块）FROTHY、
眼周（2 块）TEDDY、鼻子（1 块）SNOWFLAKE

开口处 短针
40 cm（56针）
2 cm（3行）
0.5 cm（1行）
侧面 往复钩织的短针
挑32针 挑32针
22 cm（33行）
花边
38.5 cm（54针）
3.5 cm（5行）
底部 短针
55针
7 cm（锁针10针）起针

= 短针1针分2针

= 短针1针分3针

= 变化的短针2针并1针（P28）

纽扣（1 块）MOSSY

针数表

行数	针数	加减针数
4	6针	减3针
3	9针	无加减针
2	9针	加3针
1	6针	

环圈（1 块）MOSSY

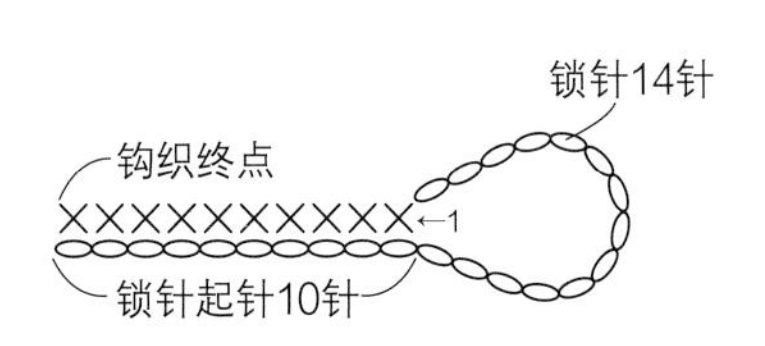

主体（1块）MOSSY

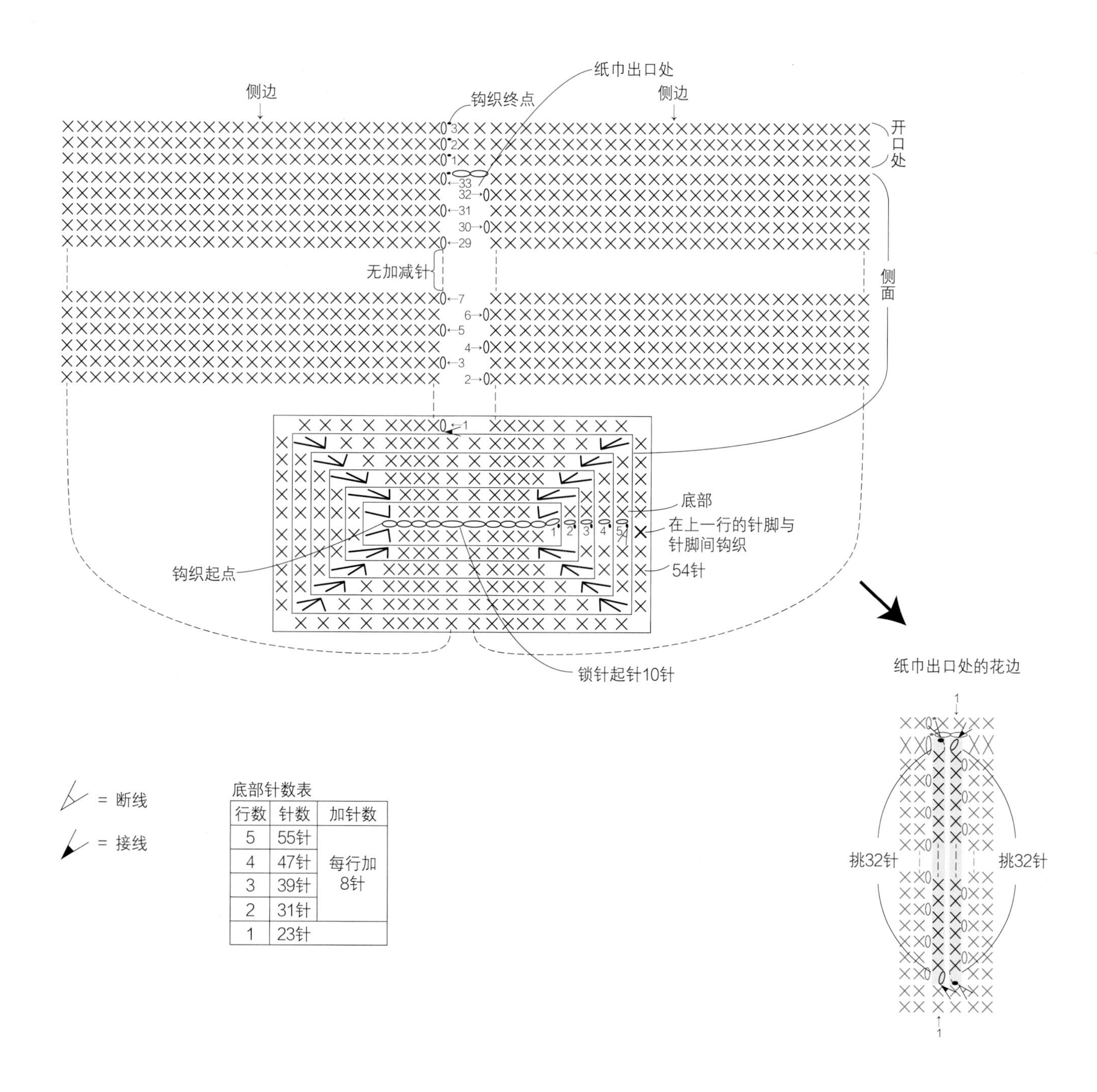

底部针数表

行数	针数	加针数
5	55针	每行加8针
4	47针	
3	39针	
2	31针	
1	23针	

上肢（2块）

□ =MOSSY ▒ =FROTHY

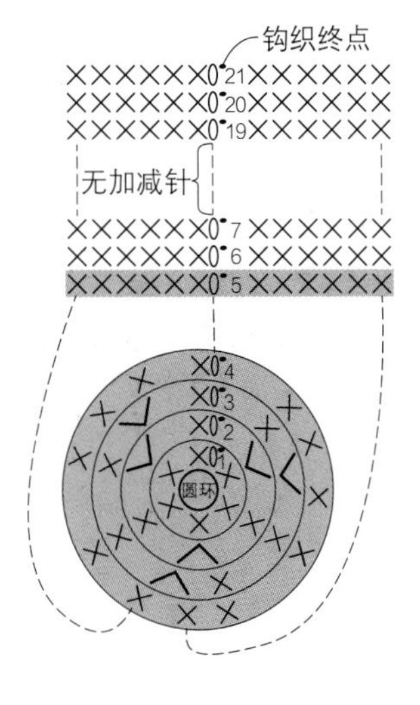

针数表

行数	针数	加减针数
4~21	12针	无加减针
3	12针	加3针
2	9针	
1	6针	

下肢（2块）

□ =MOSSY ▒ =FROTHY

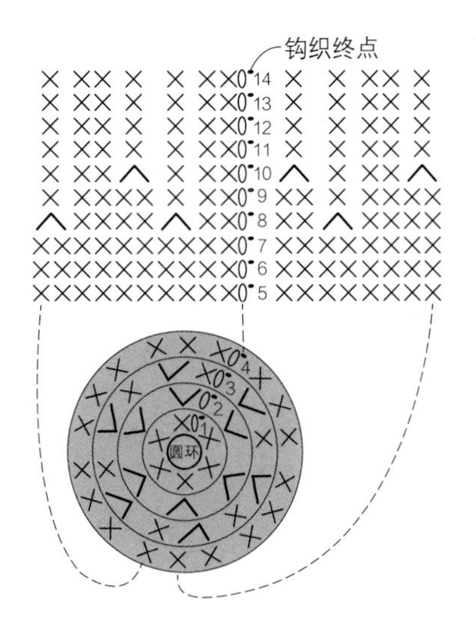

针数表

行数	针数	加减针数
11~14	12针	无加减针
10	12针	减3针
9	15针	无加减针
8	15针	减3针
4~7	18针	无加减针
3	18针	每行加6针
2	12针	
1	6针	

完成

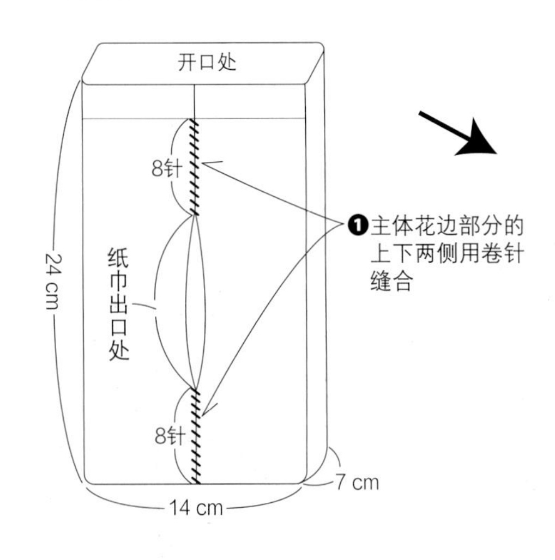

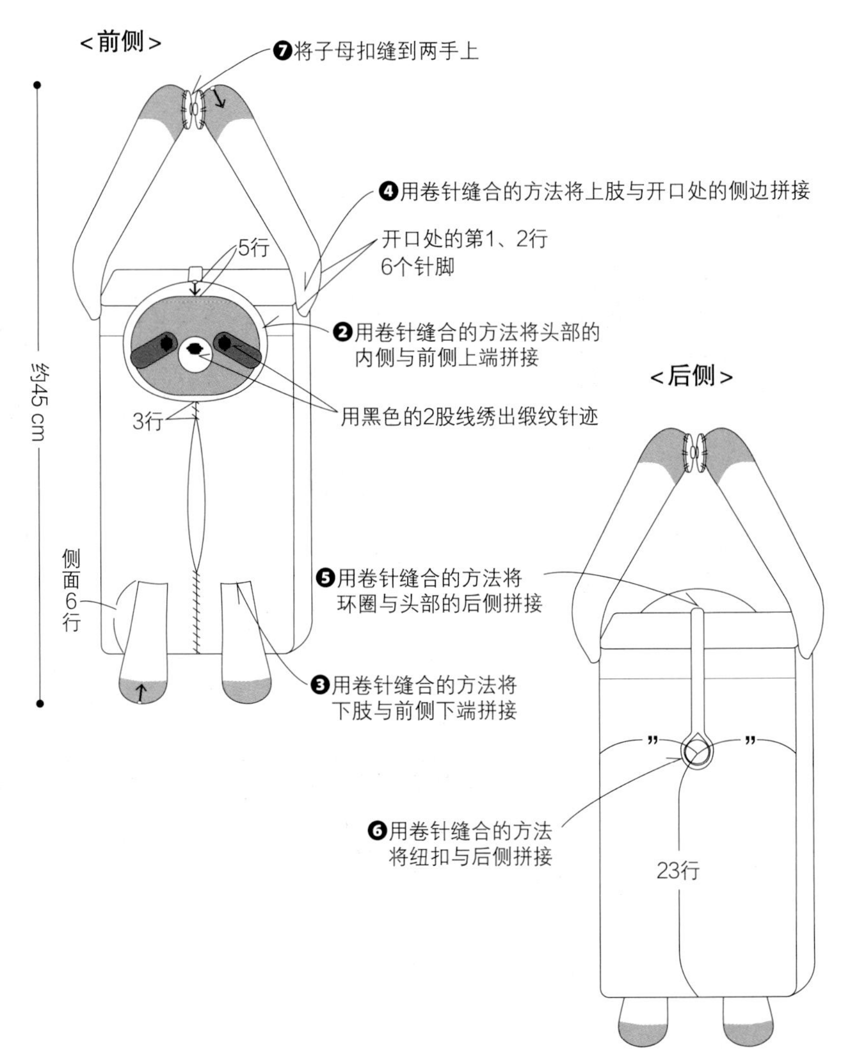

刺猬 P12

[成品尺寸] 约 9 cm × 13 cm

[材料]
DMC HAPPY CHENILLE（每卷 15 g）
BON BON（017）……15 g、FROTHY（010）……4 g、
FIREWORK（034）……1 g
DMC HAPPY COTTON（每卷 20 g）
茶色（777）……1 m（眼睛用）
手工棉

[用具] 5/0 号钩针、毛线用缝纫针

[钩织方法]
用 1 股线按照指定的配色方法换色钩织头部和身体。
❶ 钩织各部分（鼻子和耳朵参照P68）。
❷ 头部和身体塞入棉花，收紧缝合。
❸ 用卷针缝合的方法将鼻子与头部拼接，然后绣出眼睛（参照P68）。
❹ 用卷针缝合的方法将耳朵与头部拼接（参照P68）。

V = 短针1针分2针　　∧ = 变化的短针2针并1针（P28）　　= 短针的环形针2针并1针

头部、身体（1 块）

□ =FROTHY　■ =BON BON

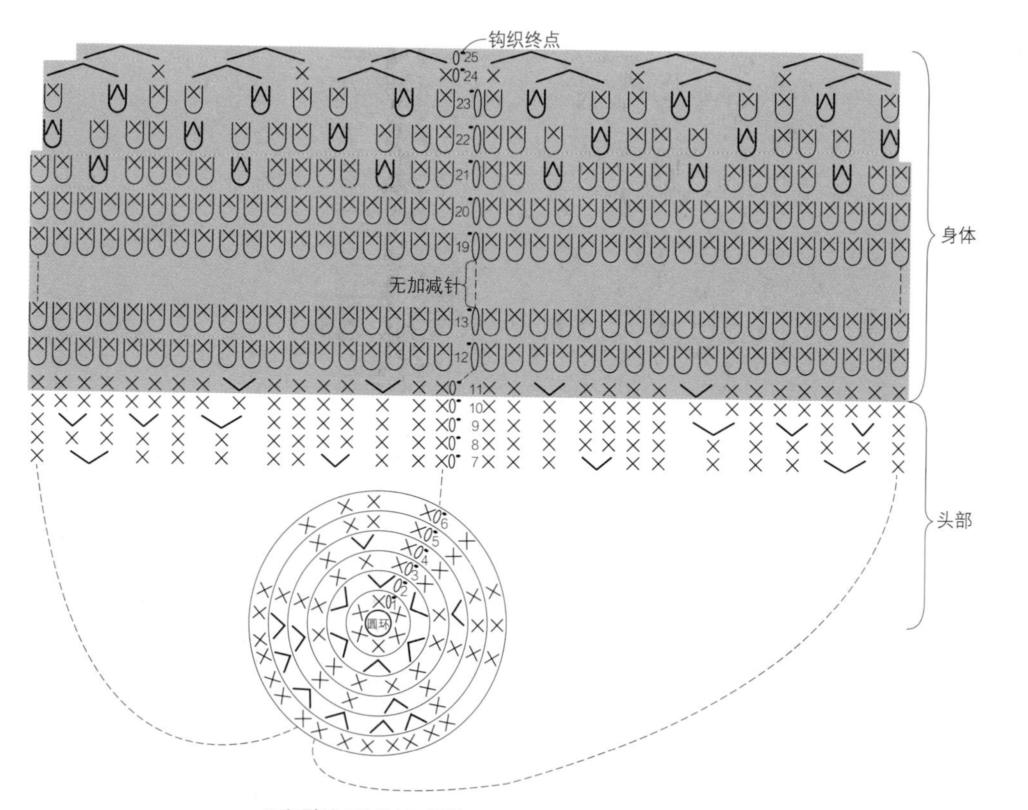

※翻到反面钩织12~23行

针数表

行数	针数	加减针数
25	6针	每行减6针
24	12针	
23	18针	
22	24针	
21	30针	
12~20	36针	无加减针
11	36针	加4针
10	32针	无加减针
9	32针	加6针
8	26针	无加减针
7	26针	加4针
6	22针	无加减针
5	22针	加6针
4	16针	加4针
3	12针	无加减针
2	12针	加6针
1	6针	

※ 鼻子、耳朵、各部分的拼接位置参照P68

松鼠 P12

[成品尺寸] 约 8 cm×15 cm

[材料]
DMC HAPPY CHENILLE（每卷 15 g）
FROTHY（010）……17 g、PARTY（024）……6 g、
TEDDY（028）……2 g、TUTTI FRUTTI（032）……1 g
DMC HAPPY COTTON（每卷 20 g）
藏蓝色（758）……1 m（眼睛用）
手工棉

[用具] 5/0 号钩针、毛线用缝纫针

[钩织方法]
用 1 股线按照指定的配色方法换色钩织上肢和下肢。
❶ 钩织各部分。
❷ 头部、身体、上肢、下肢、尾巴塞入棉花。
❸ 头部和鼻子分别收紧缝合，然后用卷针缝合的方法将鼻子与头部拼接。
❹ 用卷针缝合的方法将身体、耳朵与头部拼接。
❺ 用卷针缝合的方法将上肢、下肢、尾巴与身体拼接。
❻ 绣出头部后侧的花样和眼睛。

※ 身体按照P34 小羊的方法钩织……1 块 FROTHY
上肢、下肢按照P35 小羊的方法钩织……各 2 块 □ = FROTHY ▓ = TEDDY

头部（1 块）FROTHY

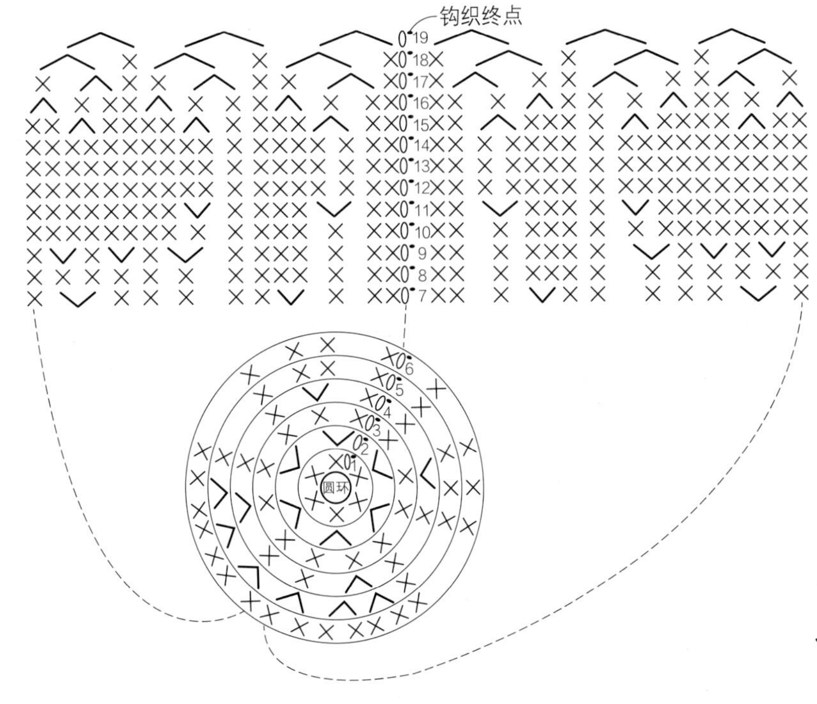

针数表

行数	针数	加减针数
19	6针	每行减6针
18	12针	
17	18针	
16	24针	
15	30针	
12～14	36针	无加减针
11	36针	加4针
10	32针	无加减针
9	32针	加6针
8	26针	无加减针
7	26针	加4针
6	22针	无加减针
5	22针	加6针
4	16针	加4针
3	12针	无加减针
2	12针	加6针
1	6针	

= 短针1针分2针

= 变化的短针2针并1针（P28）

= 短针的环形针1针分2针

= 短针的环形针2针并1针

尾巴（1块）PARTY

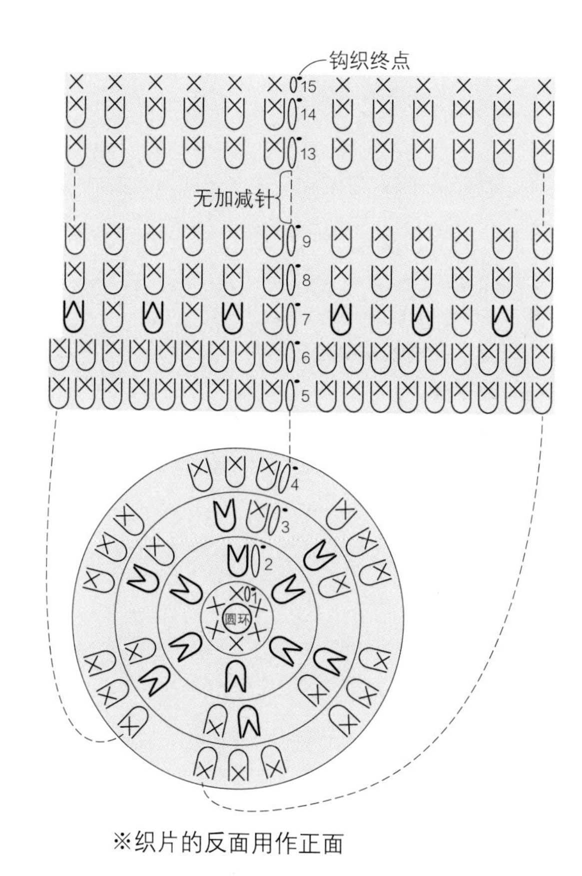

※织片的反面用作正面

针数表

行数	针数	加减针数
8～15	12针	无加减针
7	12针	减6针
4～6	18针	无加减针
3	18针	每行加6针
2	12针	
1	6针	

头部（1块）FROTHY

针数表

行数	针数	加减针数
3	6针	无加减针
2	6针	加2针
1	4针	

头部（1块）FROTHY

钩织终点

针数表

行数	针数
2	5针
1	5针

拼接各部分的位置

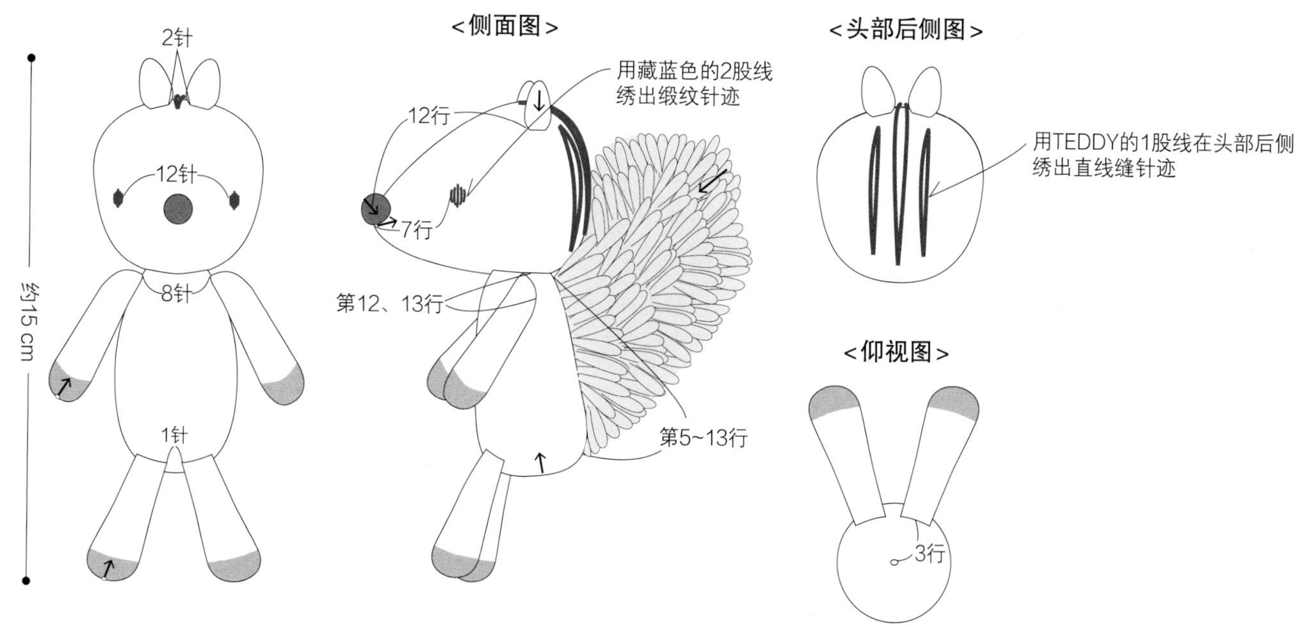

小鹿 P13

[成品尺寸] 约 8 cm × 16 cm

[材料]
DMC HAPPY CHENILLE（每卷 15 g）
SURF'S UP（030）……14 g、FROTHY（010）……5 g、
TEDDY（028）……2 g、LOLLIPOP（031）……1 g
DMC HAPPY COTTON（每卷 20 g）
藏蓝色（758）……1 m（眼睛用）
手工棉

[用具] 5/0 号钩针、毛线用缝纫针

[钩织方法]
用 1 股线按照指定的配色方法换色钩织头部、身体、上肢和下肢。
❶ 钩织各部分。
❷ 头部、身体、上肢、下肢塞入棉花。
❸ 收紧头部缝合，然后用卷针缝合的方法将鼻子与头部拼接。
❹ 用卷针缝合的方法将身体、耳朵与头部拼接。
❺ 用卷针缝合的方法将上肢、下肢、尾巴与身体拼接。
❻ 绣出头部后侧的花样和眼睛。

※上肢、下肢按照P35 小羊的方法钩织……各 2 块　□ = SURF'S UP　■ = TEDDY

∨ = 短针1针分2针　　∧ = 变化的短针2针并1针（P28）

头部（1 块）

□ = SURF'S UP　■ = TEDDY

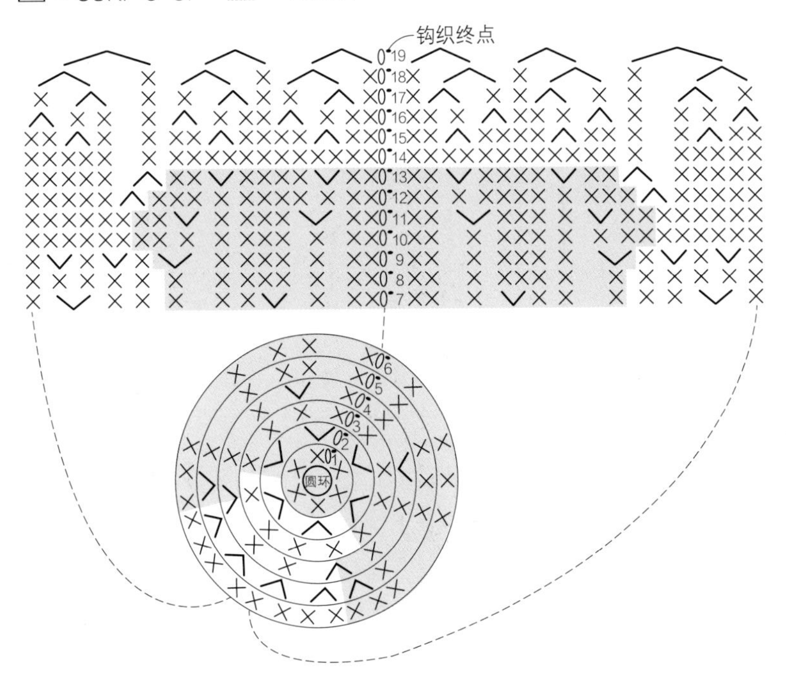

针数表

行数	针数	加减针数
19	6针	每行减6针
18	12针	
17	18针	
16	24针	
15	30针	
14	36针	无加减针
13	36针	加2针
12	34针	减2针
11	36针	加4针
10	32针	无加减针
9	32针	加6针
8	26针	无加减针
7	26针	加4针
6	22针	无加减针
5	22针	加6针
4	16针	加4针
3	12针	无加减针
2	12针	加6针
1	6针	

鼻子（1 块）

LOLLIPOP

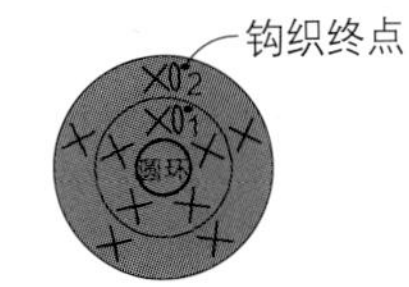

针数表

行数	针数
2	5针
1	5针

头部（1块）

□ = SURF'S UP　▒ = TEDDY

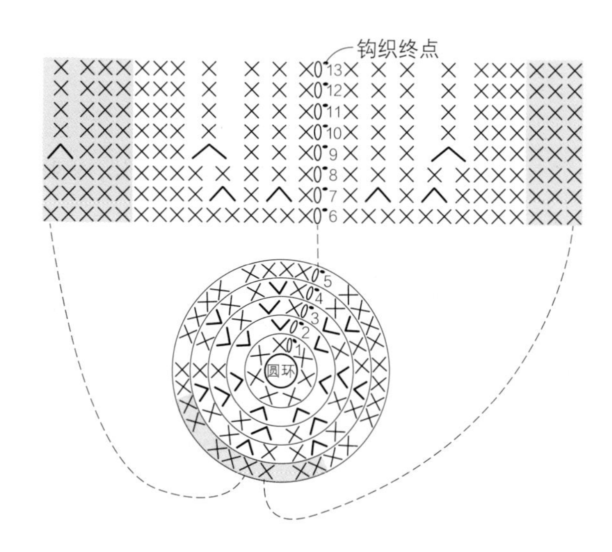

针数表

行数	针数	加减针数
10～13	21针	无加减针
9	21针	减3针
8	24针	无加减针
7	24针	减4针
5、6	28针	无加减针
4	28针	每行加7针
3	21针	
2	14针	
1	7针	

尾巴（1块）、耳朵（2块）

SURF'S UP

针数表

行数	针数	加减针数
5	6针	减3针
4	9针	无加减针
3	9针	加3针
2	6针	加2针
1	4针	

拼接各部分的位置

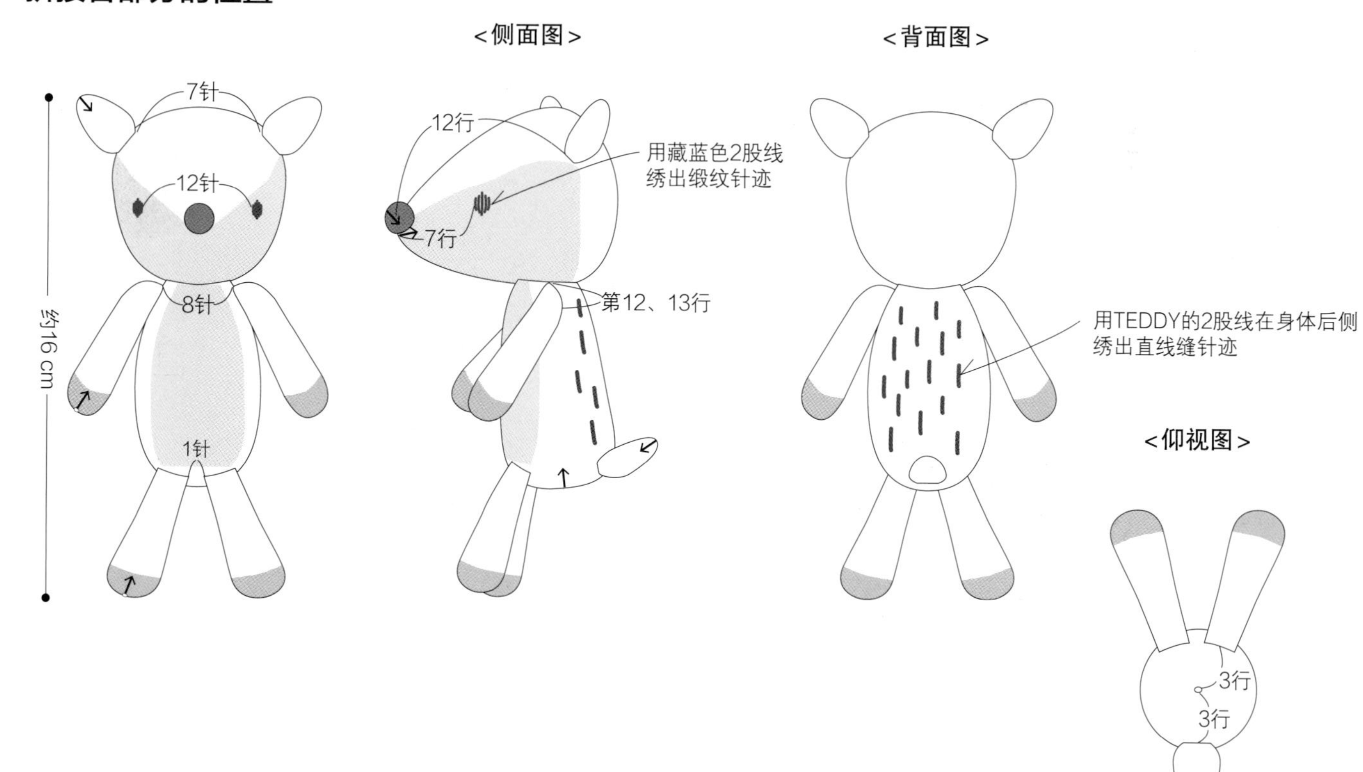

大灰狼 P14

[成品尺寸] 约 8 cm × 18 cm

[材料]
DMC HAPPY CHENILLE（每卷 15 g）
HEFALUMP（012）……19 g、SNOWFLAKE（020）……4 g、FLUFFY（01）……2 g、INK SPOT（022）……1 g
DMC HAPPY COTTON（每卷 20 g）
蓝色（798）、红色（754）……各少许（眼睛、舌头用）
手工棉

[用具] 5/0 号钩针、毛线用缝纫针

[钩织方法]
用 1 股线按照指定的配色方法换色钩织头部、身体、尾巴、耳朵、上肢和下肢。
❶ 钩织各部分。
❷ 头部、身体、上肢、下肢、尾巴和鼻根塞入棉花。
❸ 收紧头部缝合，然后用卷针缝合的方法将身体、耳朵、鼻根、下颚、舌头与头部拼接。
❹ 用卷针缝合的方法将鼻子与鼻根拼接，绣出眼睛。
❺ 用卷针缝合的方法将上肢、下肢、尾巴与身体拼接。

※ 身体按照P52 小鹿的方法钩织……1 块 □ = HEFALUMP ■ = SNOWFLAKE
上肢、下肢按照P35 小羊的方法钩织……各 2 块 □ = HEFALUMP ■ = FLUFFY

∨ = 短针1针分2针　　∧ = 变化的短针2针并1针（P28）

头部（1 块）
□ = HEFALUMP ■ = SNOWFLAKE

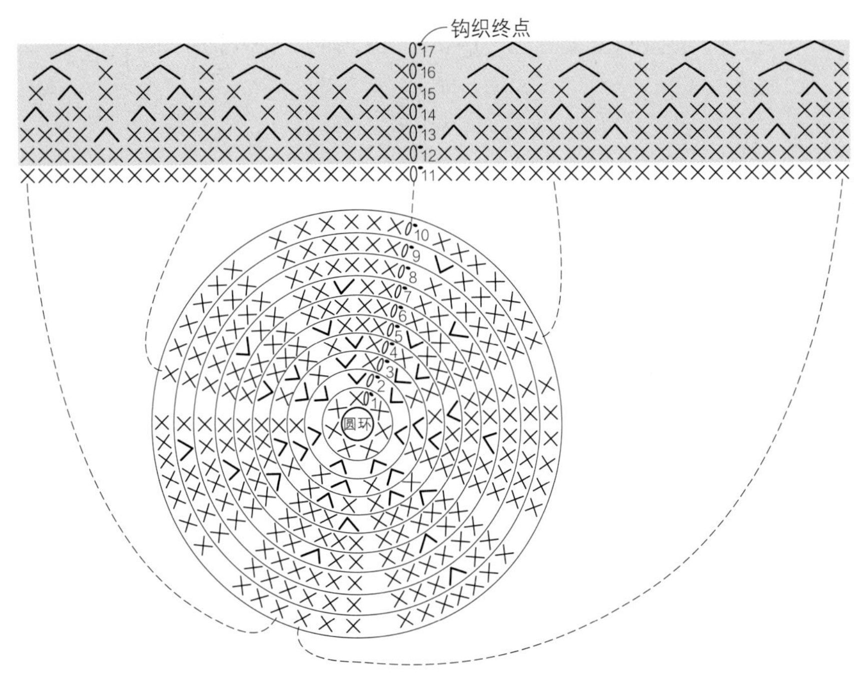

针数表

行数	针数	加减针数
17	8针	每行减8针
16	16针	
15	24针	
14	32针	
13	40针	减5针
10～12	45针	无加减针
9	45针	加3针
8	42针	无加减针
7	42针	加7针
6	35针	无加减针
5	35针	每行加7针
4	28针	
3	21针	
2	14针	
1	7针	

下颚（1 块）SNOWFLAKE
舌头（1 块）DMC HAPPY COTTON・红色

鼻根（1块）HEFALUMP

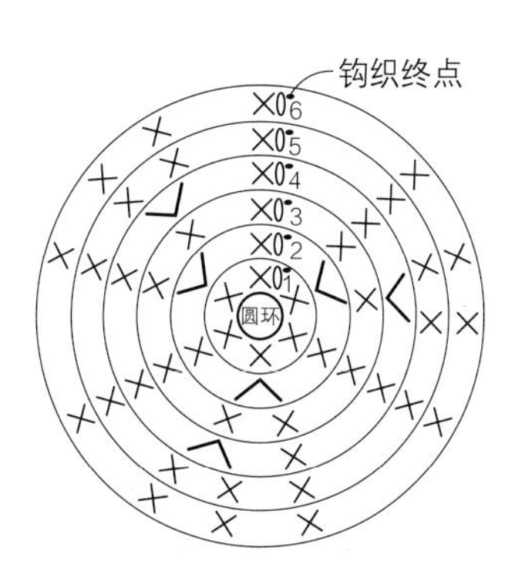

针数表

行数	针数	加减针数
5、6	12针	无加减针
4	12针	加3针
3	9针	无加减针
2	9针	加3针
1	6针	

鼻子（1块）INK SPOT

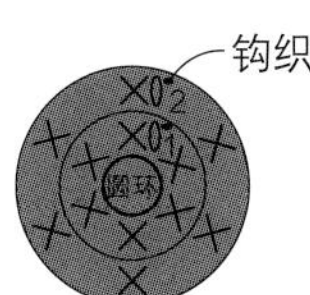

针数表

行数	针数
2	6针
1	6针

尾巴（1块）

□ = HEFALUMP ▒ = FLUFFY

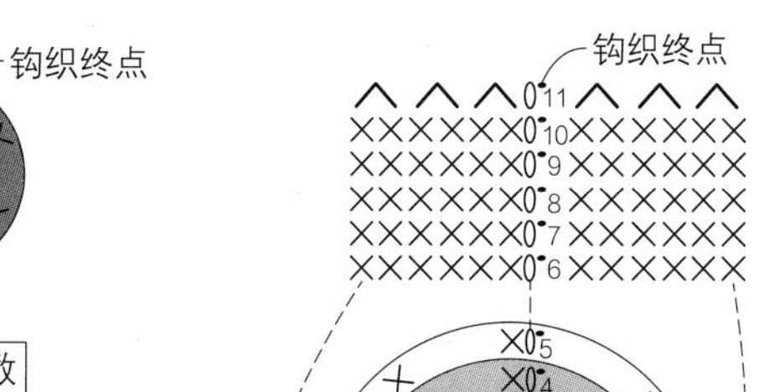

针数表

行数	针数	加减针数
11	6针	减6针
5～10	12针	无加减针
4	12针	加3针
3	9针	加3针
2	6针	无加减针
1	6针	

耳朵（2块）

□ = HEFALUMP
▒ = SNOWFLAKE

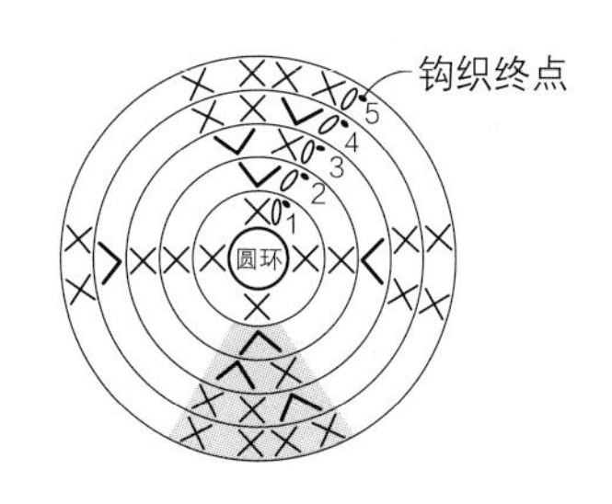

针数表

行数	针数	加减针数
5	12针	无加减针
4	12针	加3针
3	9针	加3针
2	6针	加2针
1	4针	

拼接各部分的位置

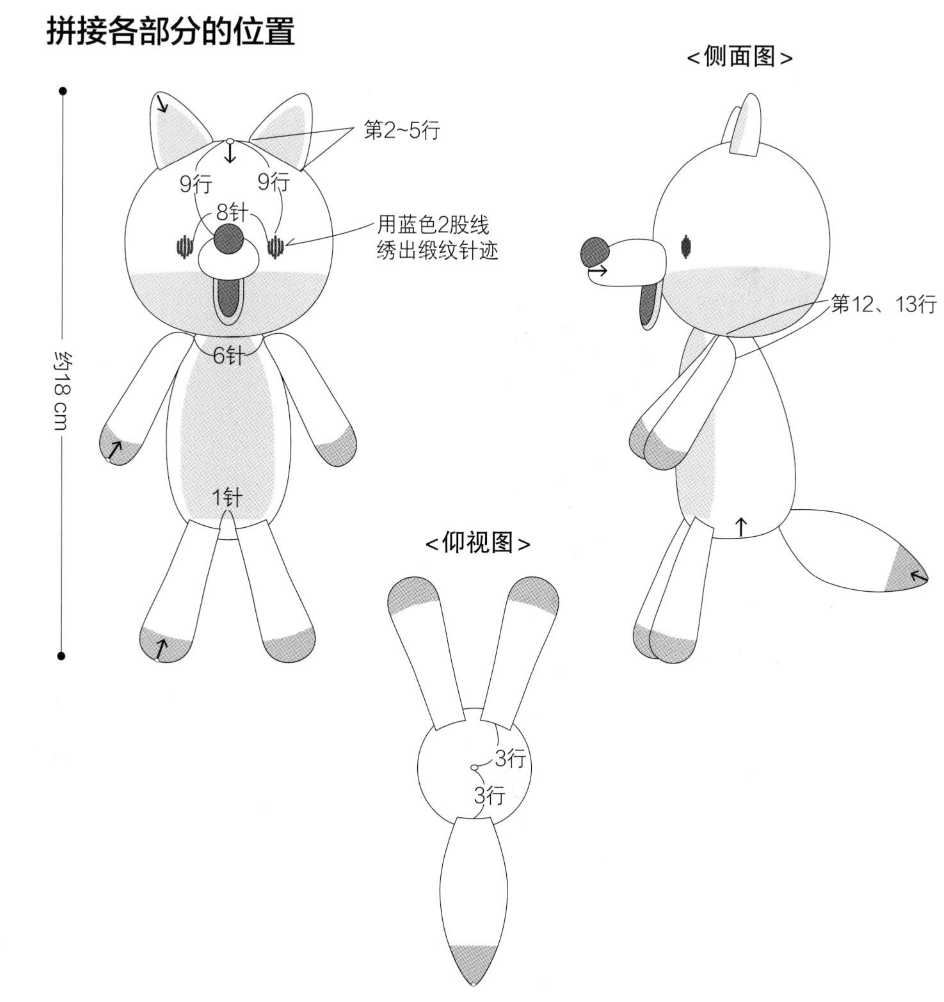

大灰狼垫子　P15

[成品尺寸]　约 71 cm × 120 cm

[材料]
SIRDAR SUPER HAPPY CHENILLE（每卷 300 g）
ELEPHANT（150）……1050 g
DMC HAPPY CHENILLE（每卷 15 g）
FLUFFY（011）……30 g、SNOWFLAKE（020）……60 g、
INK SPOT（022）……8 g
DMC HAPPY COTTON（每卷 20 g）
蓝色（798）……4 m（眼睛用）
红色（754）……10 m（舌头用）
手工棉

[用具] 10 mm 钩针、毛线用缝纫针

[钩织方法]
用指定股数的线进行钩织。
❶ 主体部分进行圆环起针，然后用短针钩织 23 行，无需加减针。
❷ 钩织头部、上肢、下肢、尾巴、鼻根、耳朵、下颚和舌头。
❸ 头部、上肢、下肢、尾巴和鼻根塞入棉花。
❹ 收紧头部缝合，然后用卷针缝合的方法将鼻根、鼻子、下颚、舌头、耳朵与头部拼接。
❺ 用卷针缝合的方法将上肢、下肢、尾巴与主体拼接。
❻ 绣出眼睛。

※头部、尾巴、鼻根、鼻子、耳朵、下颚、舌头按照P54、P55 大灰狼的方法钩织，上肢、下肢按照P35 小羊的方法钩织

头部（1 块）□ =1 股线　ELEPHANT　▨ =5 股线 SNOWFLAKE
上肢（2 块）□ =1 股线　ELEPHANT　▨ =5 股线 FLUFFY
下肢（2 块）□ =1 股线　ELEPHANT　▨ =5 股线 FLUFFY
尾巴（1 块）□ =1 股线　ELEPHANT　▨ =5 股线 FLUFFY
鼻根（1 块）　1 股线　ELEPHANT
鼻子（1 块）　5 股线　INK SPOT
耳朵（2 块）□ =1 股线　ELEPHANT　▨ =5 股线 SNOWFLAKE
下颚（1 块）　5 股线　SNOWFLAKE
舌头（1 块）　5 股线　DMC HAPPY COTTON・红色

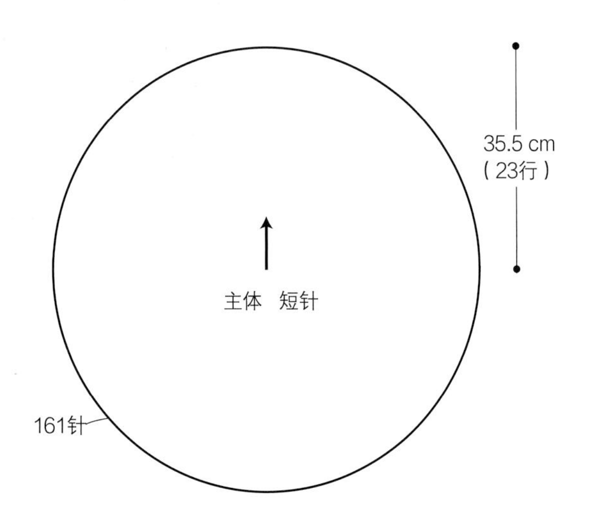

拼接各部分的位置

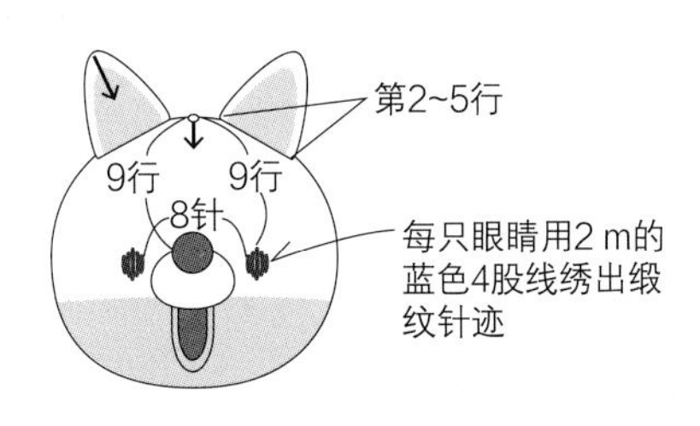

主体（1块） ELEPHANT

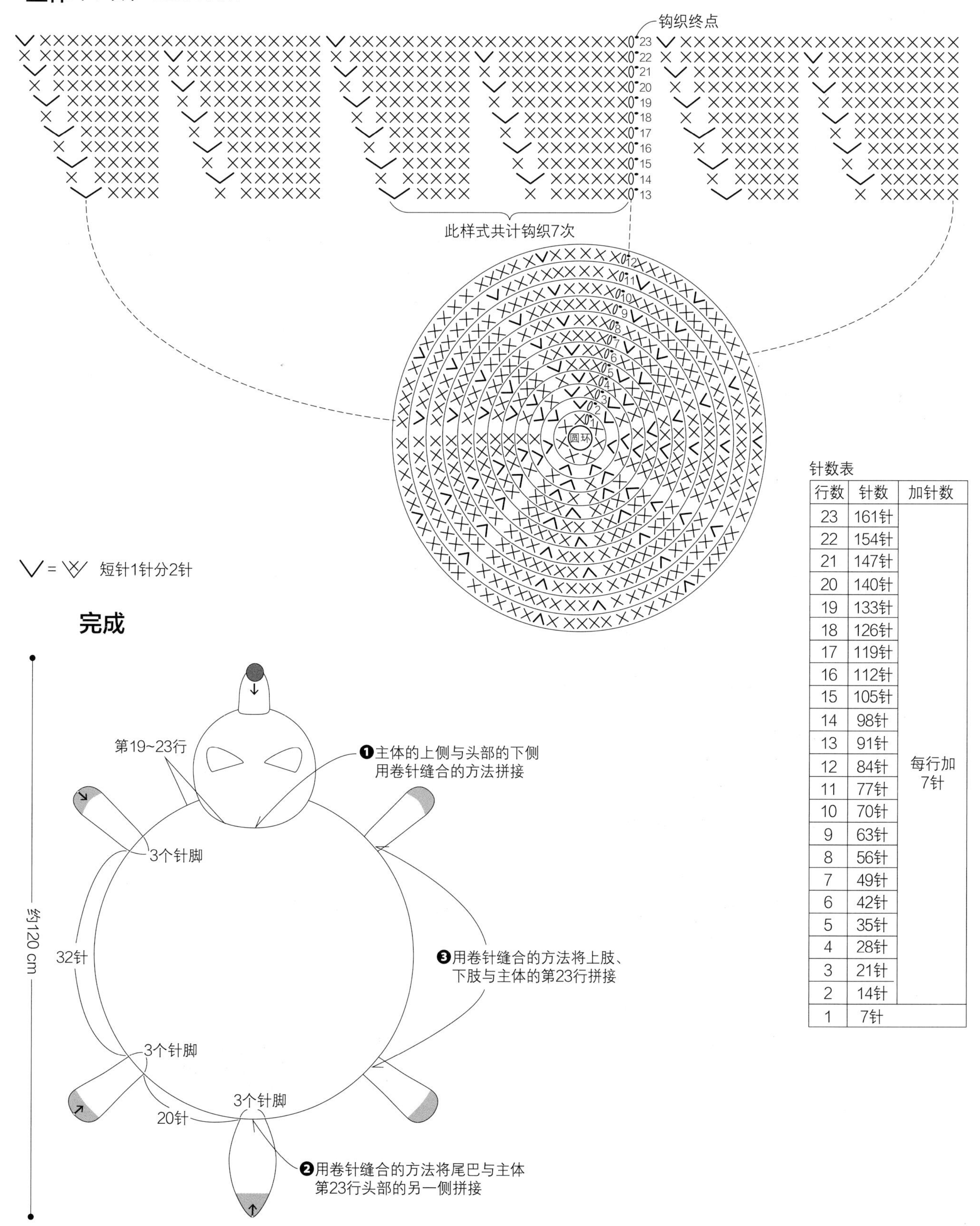

针数表

行数	针数	加针数
23	161针	每行加7针
22	154针	
21	147针	
20	140针	
19	133针	
18	126针	
17	119针	
16	112针	
15	105针	
14	98针	
13	91针	
12	84针	
11	77针	
10	70针	
9	63针	
8	56针	
7	49针	
6	42针	
5	35针	
4	28针	
3	21针	
2	14针	
1	7针	

小羊居家鞋 P16

[成品尺寸] 约 15 cm

[材料]
DMC HAPPY CHENILLE（每卷 15 g）
SODA POP（021）……64 g、CHEEKY（015）……4 g
DMC HAPPY COTTON（每卷 20 g）
淡蓝色（785）、红茶色（791）……各 1 m（眼睛、嘴巴用）

[用具] 5/0 号钩针、8/0 号钩针、毛线用缝纫针

[钩织方法]
除指定以外均用 2 股线钩织。

❶ 底部织入 12 针锁针进行起针，然后用短针加针，钩织 4 行。接着在侧面钩织至第 4 行时暂时停下手中的编织线。再在侧面接入其他编织线，鞋面部分用往复钩织的短针进行减针，织入 4 行。鞋面的最终行用卷针缝合。然后用之前暂时停下的编织线在鞋口处进行钩织，减针的同时织入 4 行。
❷ 钩织脸部、耳朵和头发。
❸ 用卷针缝合的方法将脸部、耳朵、头发与鞋面拼接。
❹ 在脸部绣出眼睛和嘴巴。

鞋面的最终行用卷针缝合
鞋口 短针
鞋面 往复钩织短针
34针
3 cm（4行）
3 cm（4行）
侧面 短针
3 cm（4行）
37 cm（52针）
底面 短针
3 cm（4行）
52针
8.5 cm（锁针12针）起针

※耳朵、头发按照 P34 小羊的方法用 5/0 号钩针、1 股线钩织
耳朵（4 块）SODA POP
头发（2 块）SODA POP

脸部（2 块） 1 股线 5/0 号钩针 CHEEKY

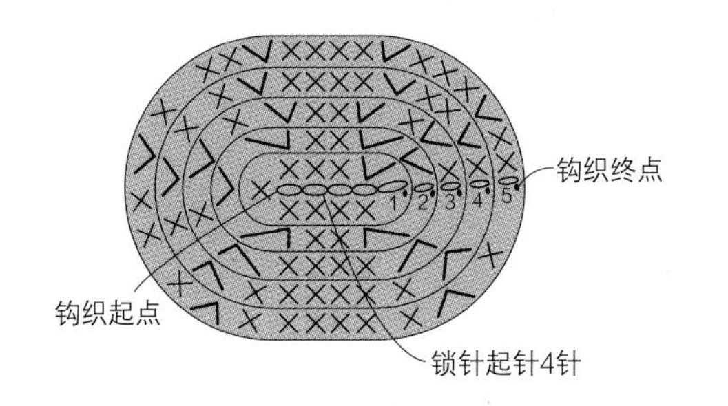

针数表

行数	针数	加针数
5	34针	每行加6针
4	28针	
3	22针	
2	16针	
1	10针	

主体（2块） 8/0号钩针 SODA POP

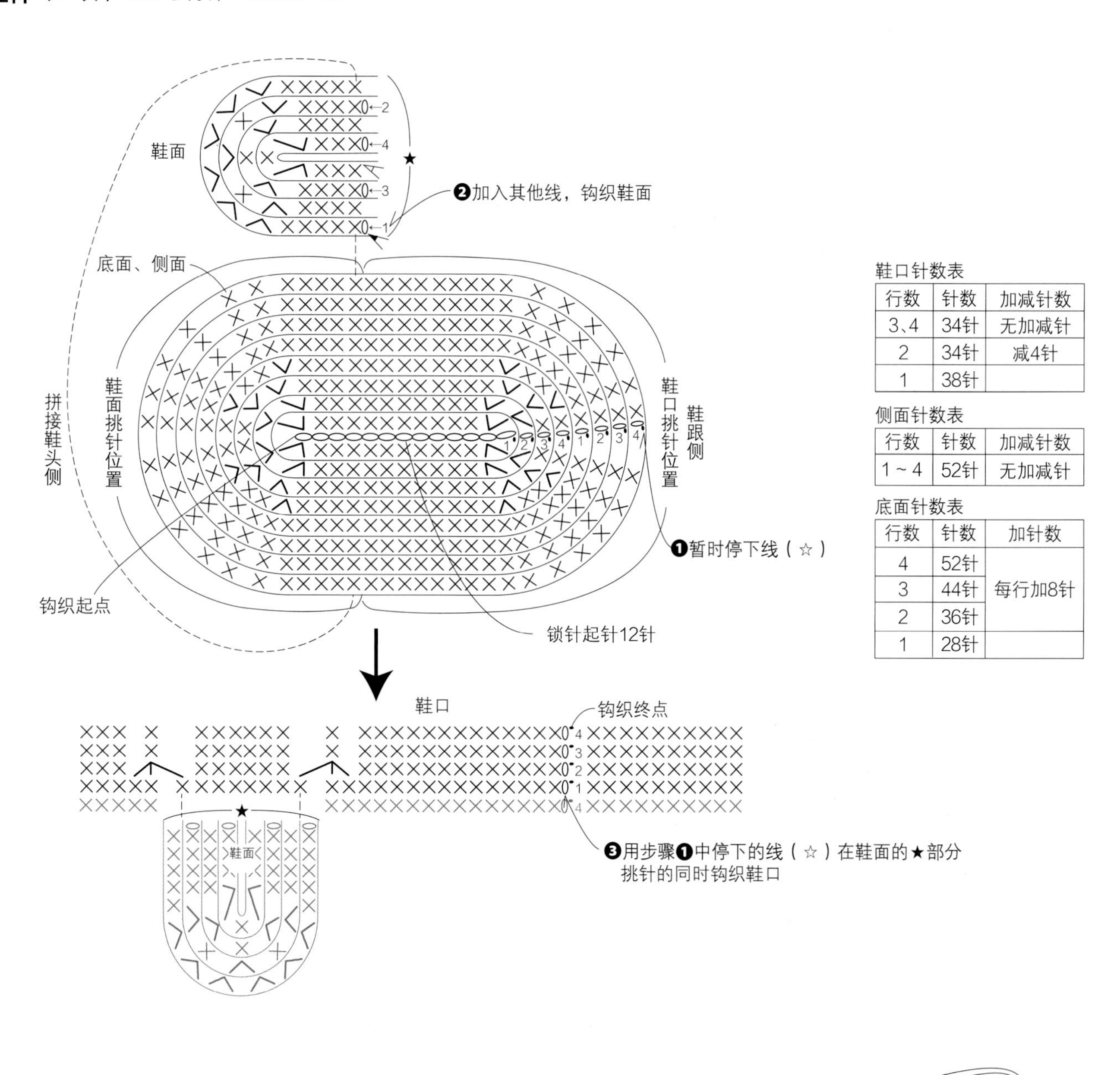

鞋口针数表

行数	针数	加减针数
3、4	34针	无加减针
2	34针	减4针
1	38针	

侧面针数表

行数	针数	加减针数
1～4	52针	无加减针

底面针数表

行数	针数	加针数
4	52针	每行加8针
3	44针	
2	36针	
1	28针	

= 短针1针分2针

= 短针1针分2针

= 变化的短针3针并1针

= 断线

= 接线

完成

2 cm
2.5 cm
1.5 cm
0.5 cm
15 cm
6 cm

用蓝色的2股线绣出缎纹针迹

用红茶色的1股线绣出直线缝针迹

狮子 P17

[成品尺寸] 约 8 cm × 18 cm

[材料]
DMC HAPPY CHENILLE（每卷 15 g）
SPARKLER（025）……19 g、TEDDY（028）……5 g、
SNOWFLAKE（020）……2 g
DMC HAPPY COTTON（每卷 20 g）
黑色（775）……1 m（眼睛用）
手工棉

[用具] 5/0 号钩针、毛线用缝纫针

[钩织方法]
用 1 股线按照指定的配色方法换色钩织上肢和下肢。
❶ 钩织各部分。
❷ 头部、身体、上肢和下肢塞入棉花。
❸ 收紧头部缝合，钩织鬃毛时从头部周围挑针，同时用短针的环形针钩织两圈（每圈为 40~50 针）。
❹ 嘴角用卷针缝合。
❺ 用卷针缝合的方法将身体、耳朵与头部拼接。
❻ 上肢、下肢、尾巴用卷针缝合的方法与身体拼接。
❼ 绣出眼睛、鼻子。

※ 身体按照P34 小羊的方法钩织……1 块 SPARKLER
上肢、下肢按照P35 小羊的方法钩织……各 2 块 □ = SPARKLER ▒ = SNOWFLAKE

∨ = 短针1针分2针　　∧ = 变化的短针2针并1针（P28）

头部（1 块）SPARKLER

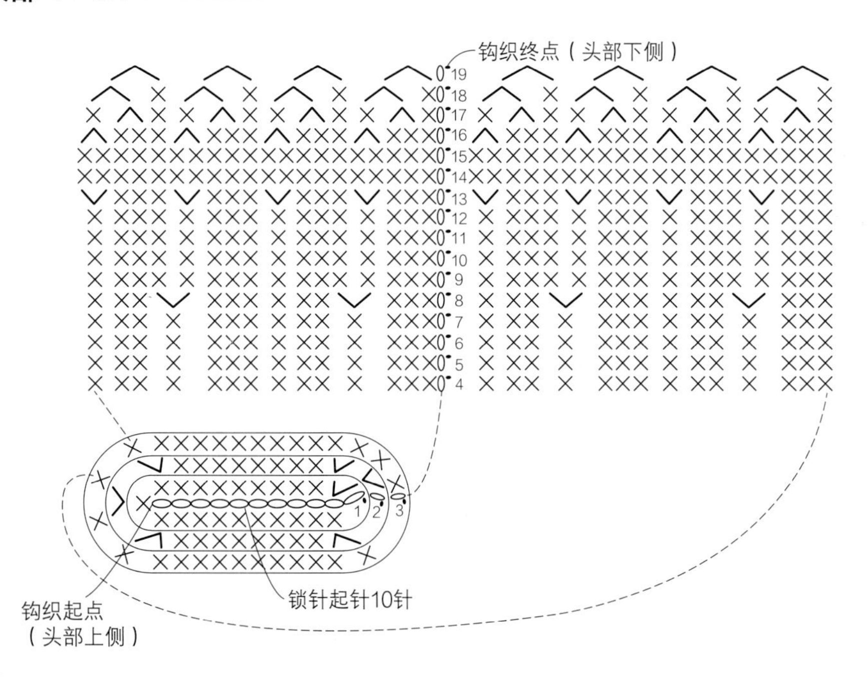

针数表

行数	针数	加减针数
19	8针	每行减8针
18	16针	
17	24针	
16	32针	
14、15	40针	无加减针
13	40针	加8针
9～12	32针	无加减针
8	32针	加4针
3～7	28针	无加减针
2	28针	加6针
1	22针	

嘴角（1块）SNOWFLAKE

钩织起点 钩织终点
锁针起针3针
1
2
锁针起针3针

耳朵（2块）SPARKLER

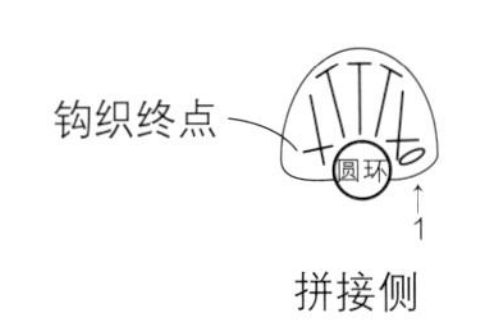

尾巴（1块）SPARKLER

□ = SPARKLER　▒ = TEDDY

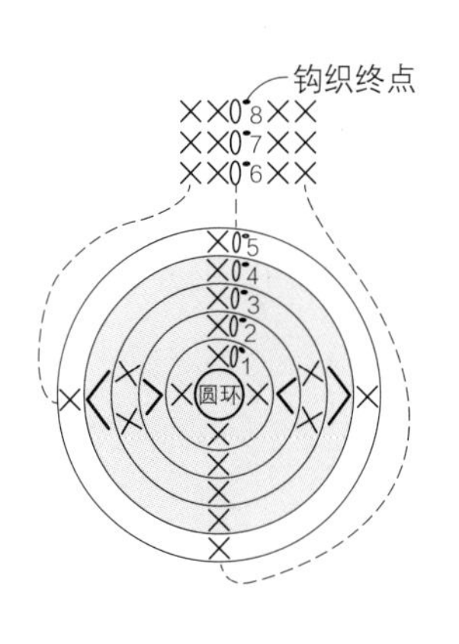

针数表

行数	针数	加减针数
5~8	4针	无加减针
4	4针	减2针
3	6针	无加减针
2	6针	加2针
1	4针	

拼接各部分的位置

钩织鬃毛时，看着头部后侧将周围（将钩织起点的起针至钩织终点的第 19 行拉成纵长的四边形）的针脚挑起，然后用TEDDY 编织线用短针的环形针钩织两圈（每圈挑 40~50 针）

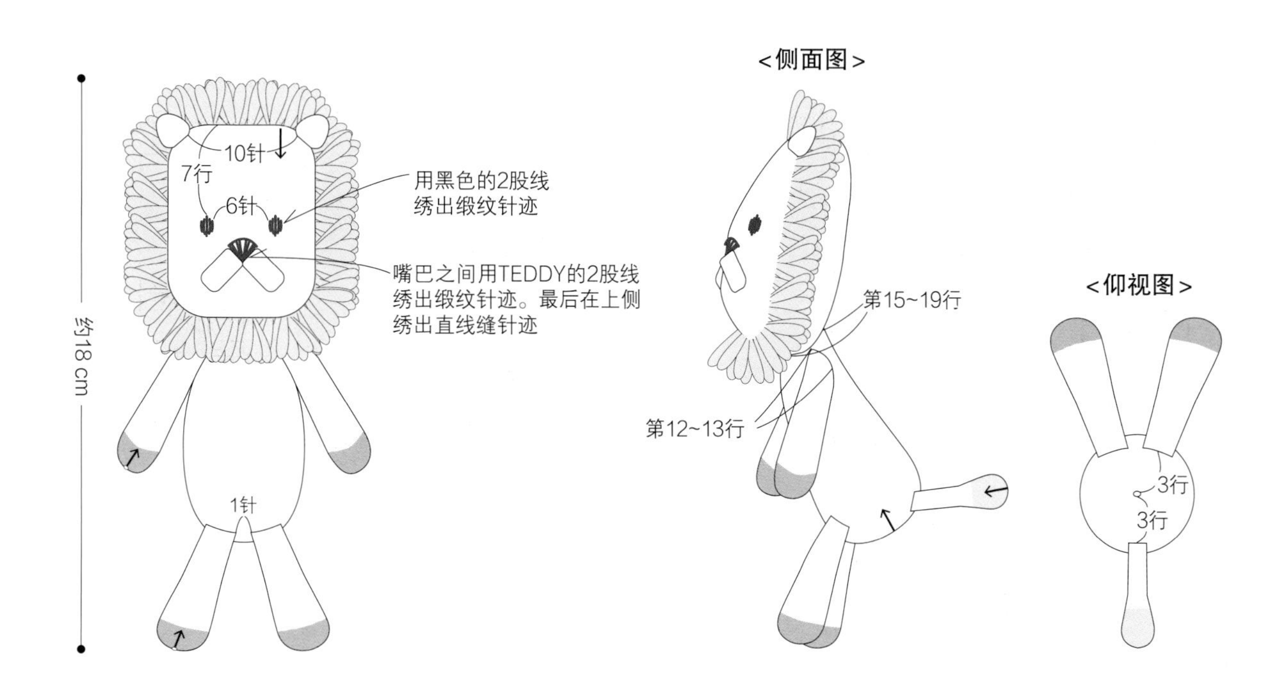

长颈鹿 P18

[成品尺寸] 约 8 cm × 18 cm

[材料]
DMC HAPPY CHENILLE（每卷 15 g）
DUCKLING（014）……19 g、
LOLLIPOP（031）、SNOWFLAKE（020）……各 3 g
DMC HAPPY COTTON（每卷 20 g）黑色（775）……1 m
（眼睛用）
手工棉

[用具] 5/0 号钩针、毛线用缝纫针、胶水

[钩织方法]
用 1 股线按照指定的配色方法换色钩织嘴角、犄角、上肢和下肢。

❶ 钩织各部分。
❷ 头部、身体、嘴角、犄角、上肢和下肢塞入棉花。
❸ 头部和嘴角用卷针缝合。
❹ 用卷针缝合的方法将身体、耳朵、犄角与头部拼接。
❺ 在尾巴上拼接流苏。
❻ 用卷针缝合的方法将上肢、下肢、尾巴和圆点花样与身体拼接。
❼ 绣出眼睛。

※ 上肢按照P35 小羊的方法钩织……2 块　□ =DUCKLING　■ =SNOWFLAKE

∨ = 短针1针分2针　　∧ = 变化的短针2针并1针（P28）

头部（1 块）DUCKLING

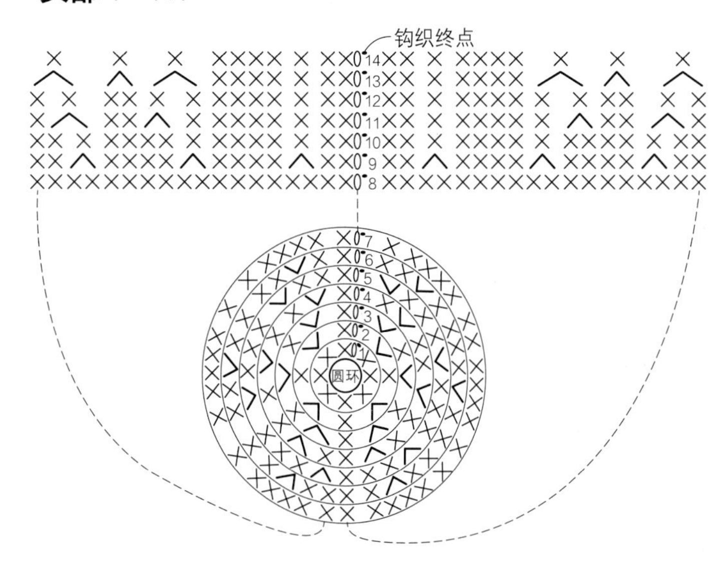

针数表

行数	针数	加减针数
14	20针	无加减针
13	20针	减6针
12	26针	无加减针
11	26针	减4针
10	30针	无加减针
9	30针	减6针
7、8	36针	无加减针
6	36针	每行加6针
5	30针	
4	24针	
3	18针	
2	12针	加4针
1	8针	

嘴角（1 块）

□ = DUCKLING
■ = SNOWFLAKE

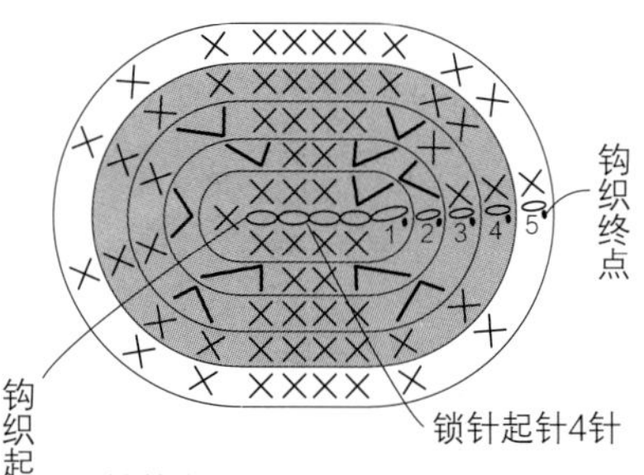

针数表

行数	针数	加减针数
4、5	20针	无加减针
3	20针	加4针
2	16针	加6针
1	10针	

耳朵（2 块）DUCKLING

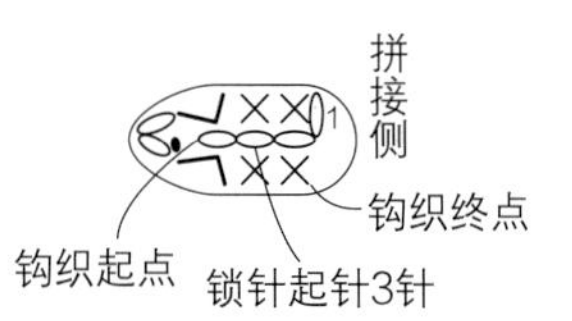

尾巴（1 块）DUCKLING

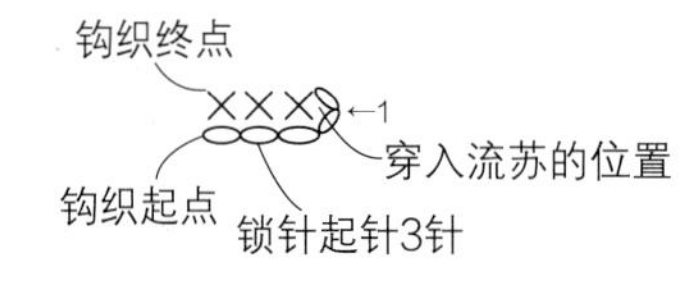

下肢（2 块）

□ = DUCKLING
■ = SNOWFLAKE

针数表

行数	针数	加减针数
8	6针	无加减针
7	6针	减2针
2～6	8针	无加减针
1	8针	

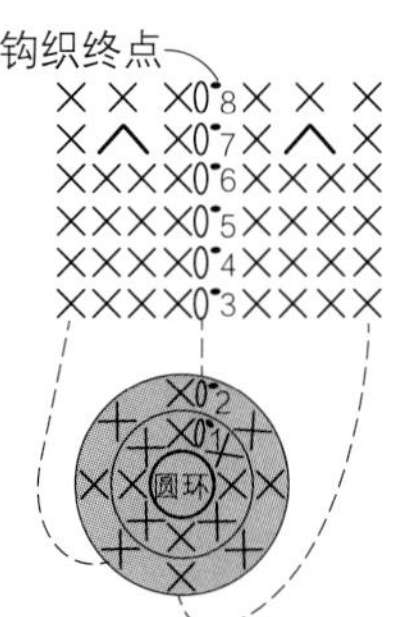

身体（1块）DUCKLING

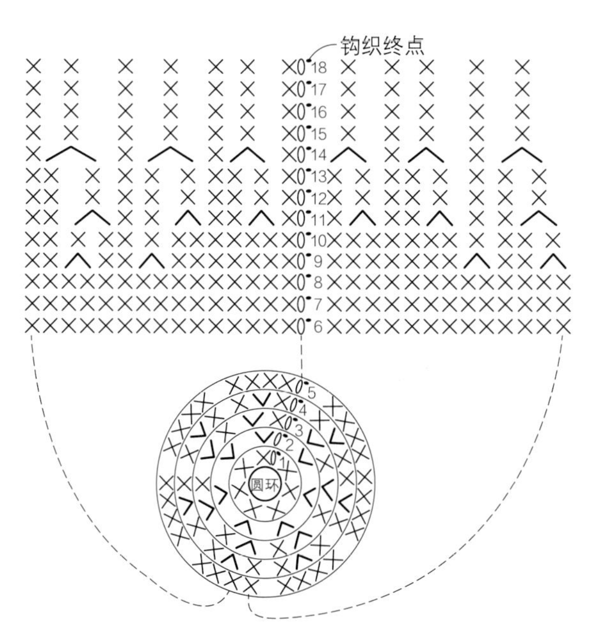

针数表

行数	针数	加减针数
15～18	12针	无加减针
14	12针	减6针
12、13	18针	无加减针
11	18针	减6针
10	24针	无加减针
9	24针	减4针
5～8	28针	无加减针
4	28针	每行加7针
3	21针	
2	14针	
1	7针	

犄角（2块）LOLLIPOP

钩织终点

针数表

行数	针数
1	5针

犄角（2块）

□ = DUCKLING ■ = LOLLIPOP

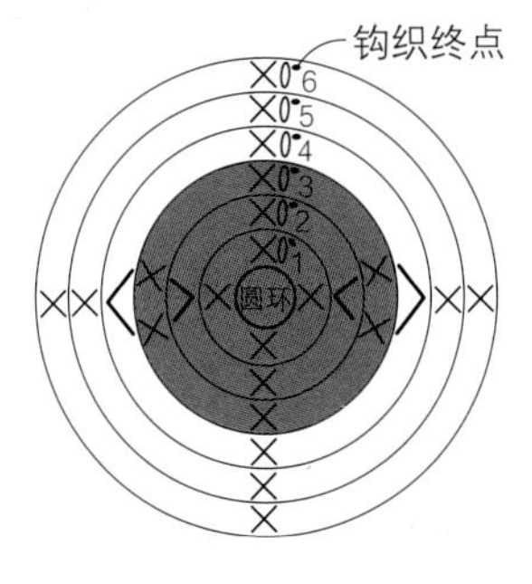

针数表

行数	针数	加减针数
5、6	4针	无加减针
4	4针	减2针
3	6针	无加减针
2	6针	加2针
1	4针	

拼接各部分的位置

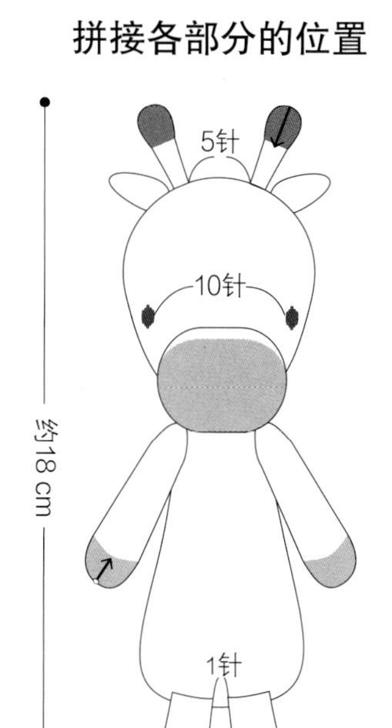

<侧面图>

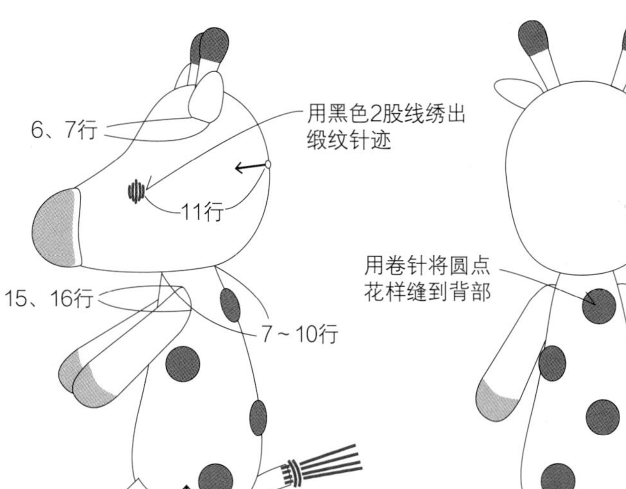

<背面图>

用卷针将圆点花样缝到背部

<仰视图>

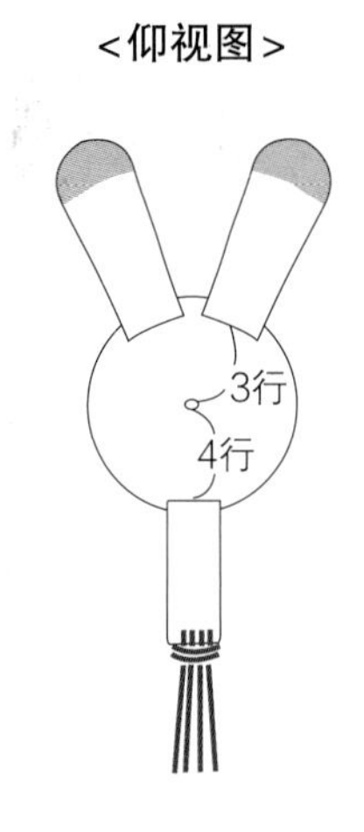

<拼接尾巴流苏的方法>

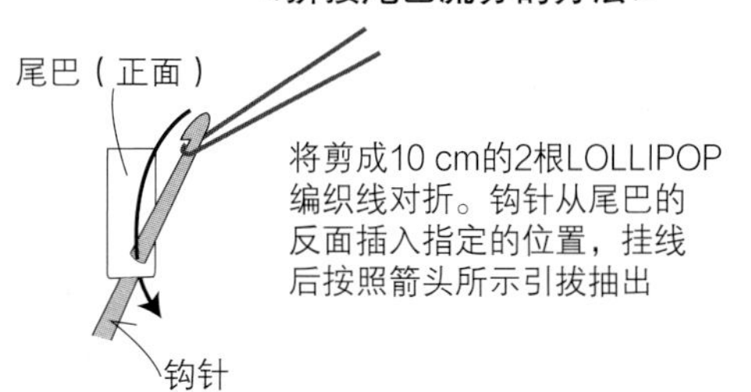

将剪成10 cm的2根LOLLIPOP编织线对折。钩针从尾巴的反面插入指定的位置，挂线后按照箭头所示引拔抽出

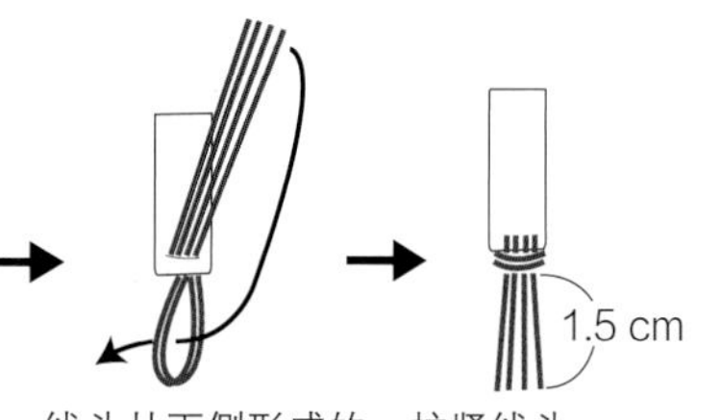

线头从下侧形成的圆环中穿过

拉紧线头。修剪成长1.5 cm。线头处薄薄地涂一层黏合剂，防止散开

长颈鹿靠枕　P19

[成品尺寸]　约 45 cm×60 cm

[材料]
SIRDAR SUPER HAPPY CHENILLE（每卷 300 g）
LION（153）……750 g
DMC HAPPY CHENILLE（每卷 15 g）
SNOWFLAKE（020）……25 g、LOLLIPOP（031）……60 g
DMC HAPPY COTTON（每卷 20 g）黑色（775）……1 m（眼睛用）
手工棉

[用具] 8/0 号钩针、10 mm 钩针、毛线用缝纫针

[钩织方法]
用指定股数的编织线和配色方法配合相应号数的钩针换色钩织嘴角和犄角。

❶ 主体部分用圆环起针，然后用短针钩织 14 行，无需加减针。
❷ 钩织头部、嘴角、犄角、耳朵、尾巴、尾巴的流苏和圆点花样。
❸ 头部、嘴角和犄角塞入棉花。
❹ 用卷针将头部与嘴角缝合。
❺ 用卷针缝合的方法将耳朵和犄角与头部拼接。
❻ 主体塞入棉花，同时用卷针将周围缝合。然后用卷针缝合的方法将头部、尾巴、圆点花样与主体拼接。
❼ 绣出眼睛。

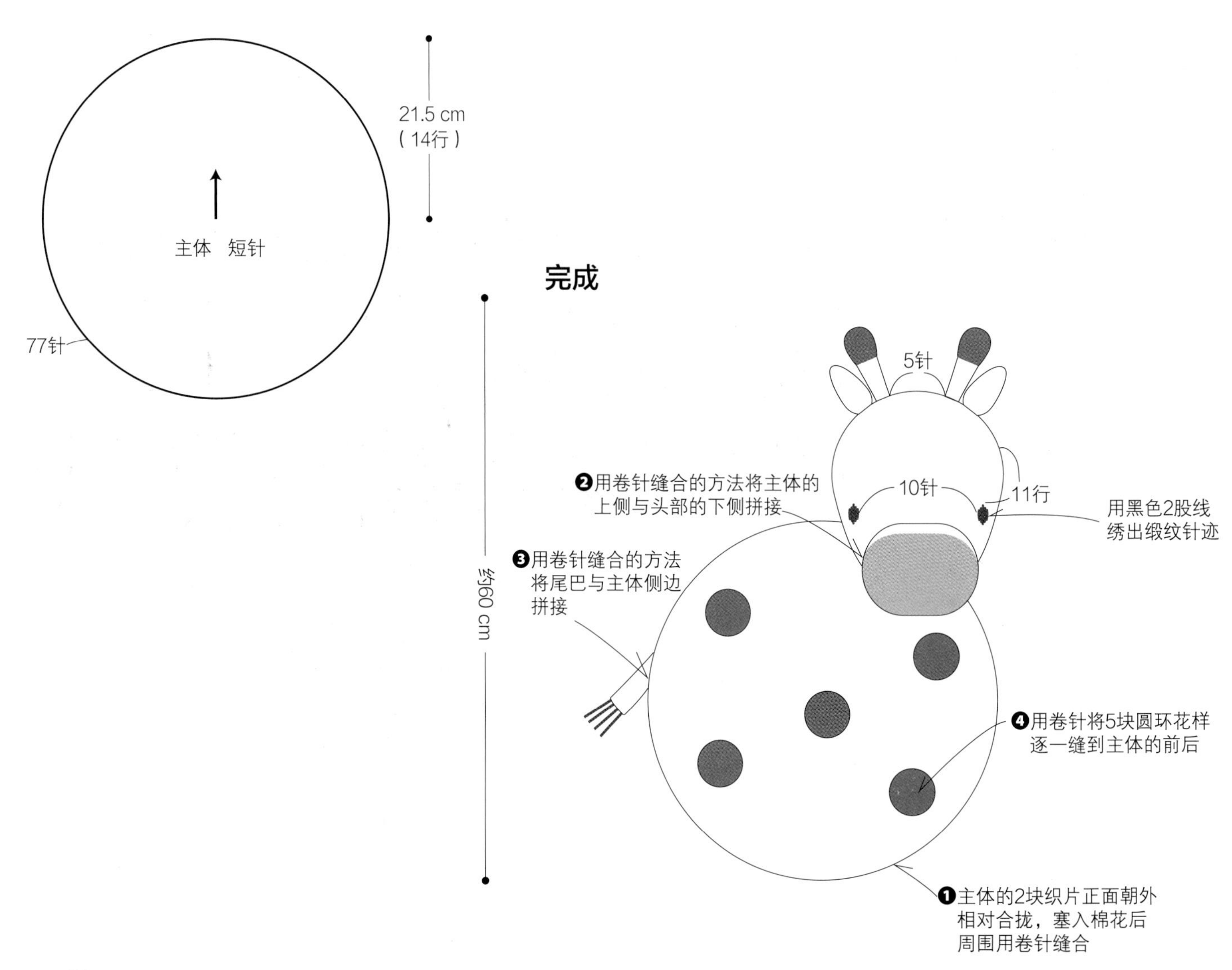

※头部、嘴角、犄角、耳朵按照P62、P63长颈鹿的方法钩织

头部（1块） 1股线 10 mm钩针 LION

嘴角（1块） 10 mm钩针 □=1股线 LION ■=5股线 SNOWFLAKE

犄角（2块） 10 mm钩针 □=1股线 LION ■=5股线 LOLLIPOP

耳朵（2块） 1股线 10 mm钩针 LOIN

主体（2块）1股线 10 mm钩针 LION

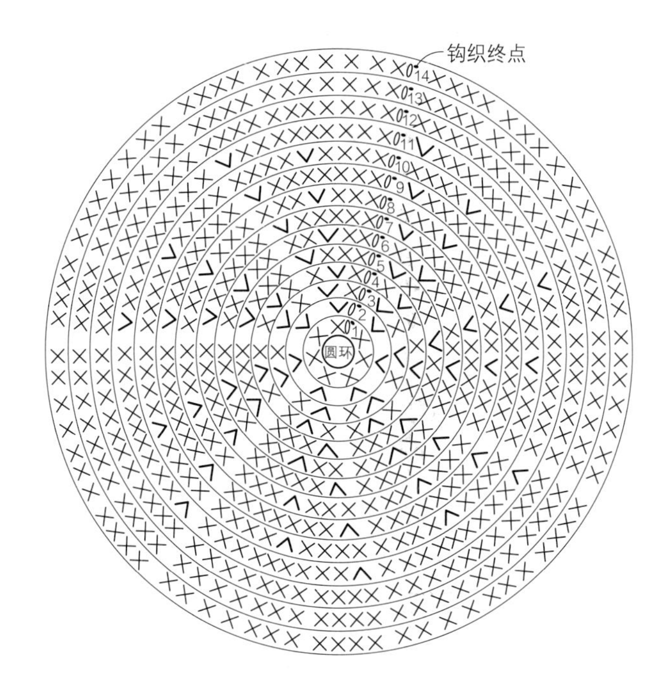

针数表

行数	针数	加减针数
12～14	77针	无加减针
11	77针	每行加7针
10	70针	
9	63针	
8	56针	
7	49针	
6	42针	
5	35针	
4	28针	
3	21针	
2	14针	
1	7针	

V = 短针1针分2针

圆点花样（10块）

2股线 8/0号钩针

LOLLIPOP

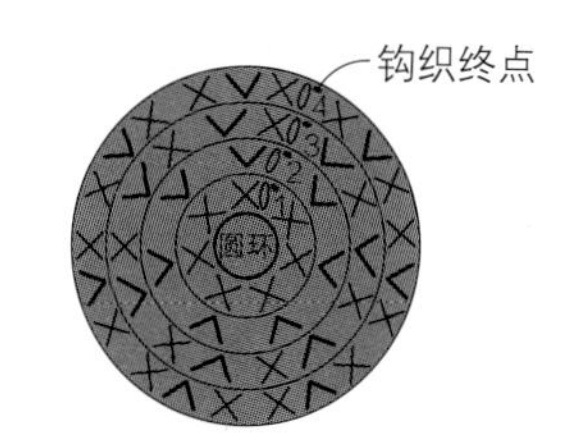

针数表

行数	针数	加针数
4	28针	每行加7针
3	21针	
2	14针	
1	7针	

尾巴（1块）1股线 10 mm钩针 LION

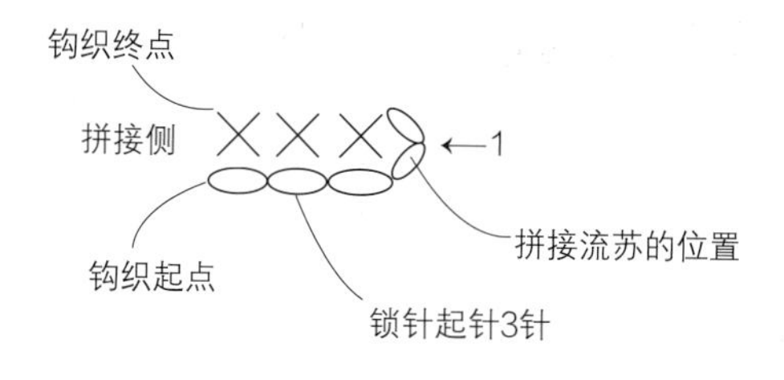

尾巴的流苏 2股线 8/0号钩针 LOLLIPOP

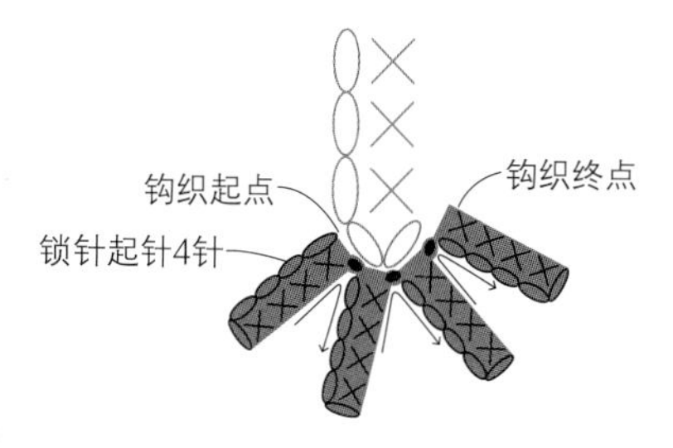

在拼接流苏的位置钩织

黑猫斗篷　P20

[成品尺寸]　衣长 49.5 cm

[材料]
SIRDAR SUPER HAPPY CHENILLE（每卷 300 g）
GRIZZLY（152）……900 g
DMC HAPPY CHENILLE（每卷 15 g）
FUZZY（013）……12 g
直径 2 cm的子母扣 1 对

[用具] 10 mm钩针、毛线用缝纫针、缝纫线、缝衣针

[钩织方法]
按照指定股数的编织线和配色方法换色钩织耳朵。
❶ 帽子部分织入 12 针锁针进行起针，然后用往复钩织加针的同时织入 13 行短针。钩织斗篷时，从帽子部分挑针，加针的同时用往复钩织的短针和长针织入 17 行。
❷ 钩织耳朵。
❸ 用卷针缝合的方法将耳朵与帽子拼接。在斗篷的前面开口处缝上子母扣。

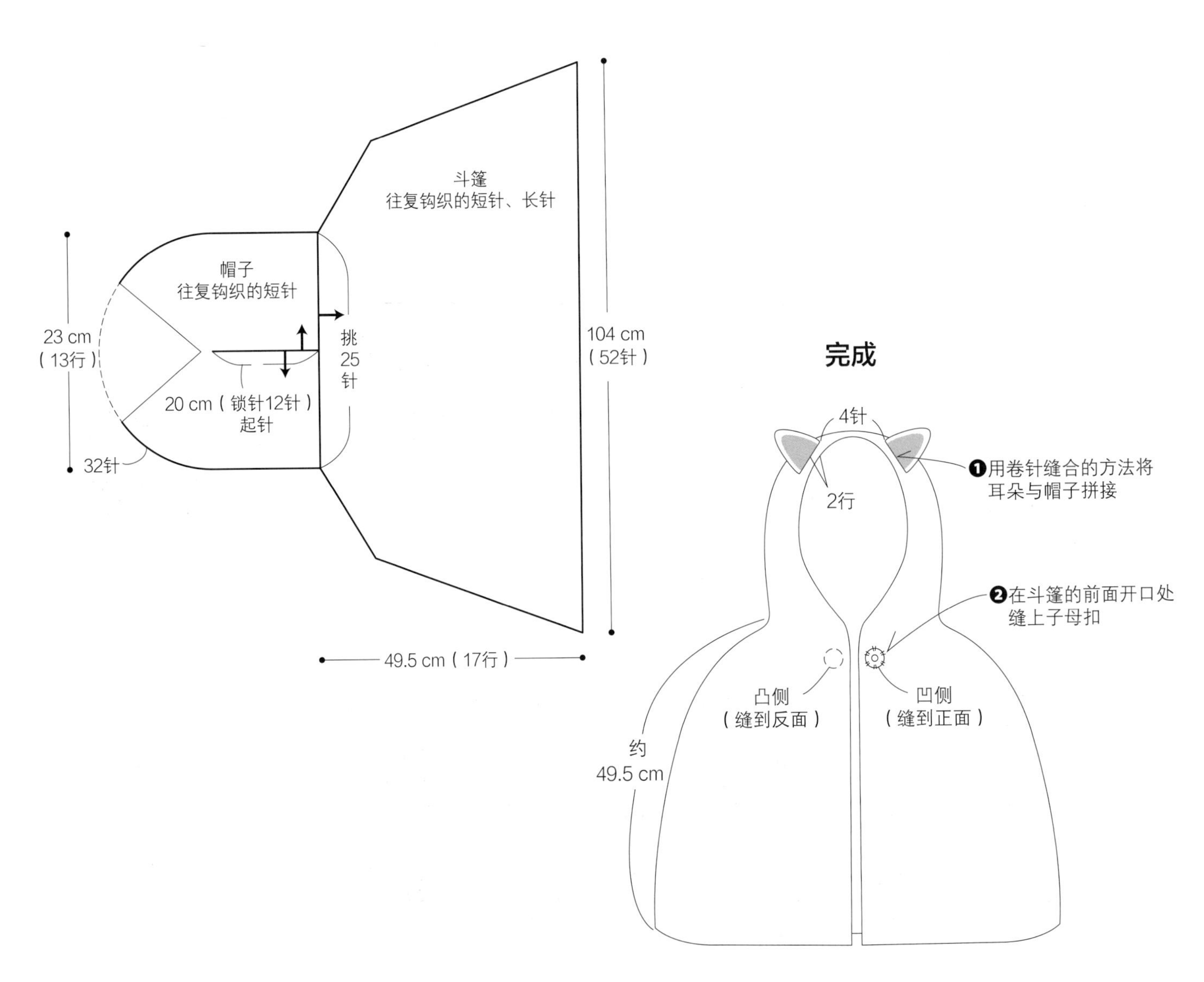

耳朵（2块）

□ = 1股线　GRIZZLY

▨ = 5股线　FUZZY

帽子（1块）1股线　GRIZZLY

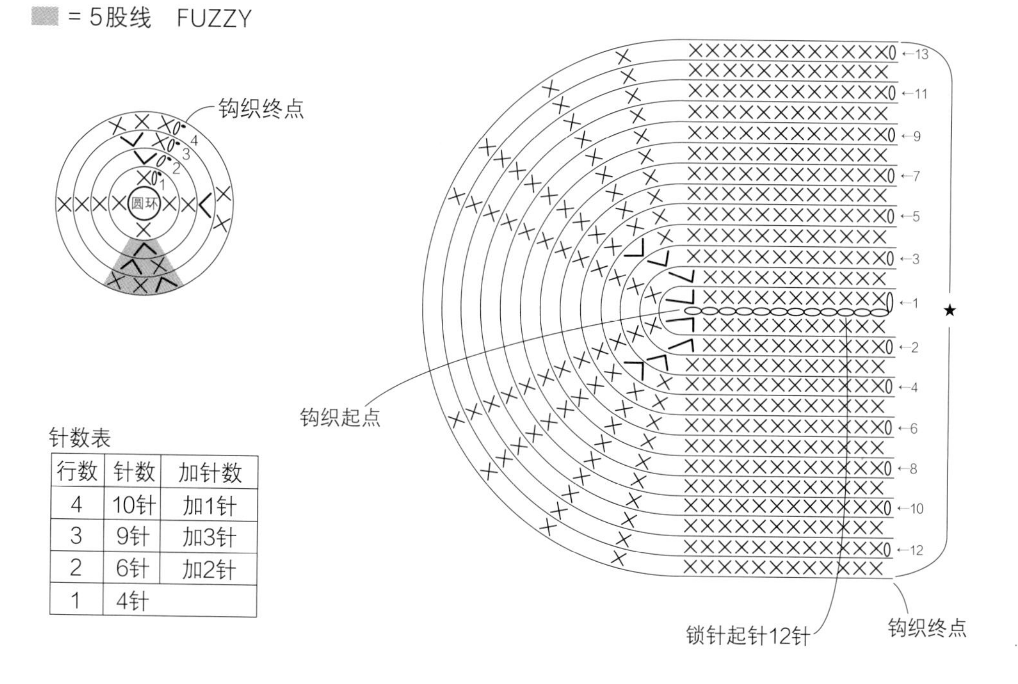

针数表

行数	针数	加针数
4	10针	加1针
3	9针	加3针
2	6针	加2针
1	4针	

针数表

行数	针数	加减针数
5～13	32针	无加减针
4	32针	每行加2针
3	30针	
2	28针	
1	26针	

╲╱ = 短针1针分2针

斗篷（1块）1股线　GRIZZLY

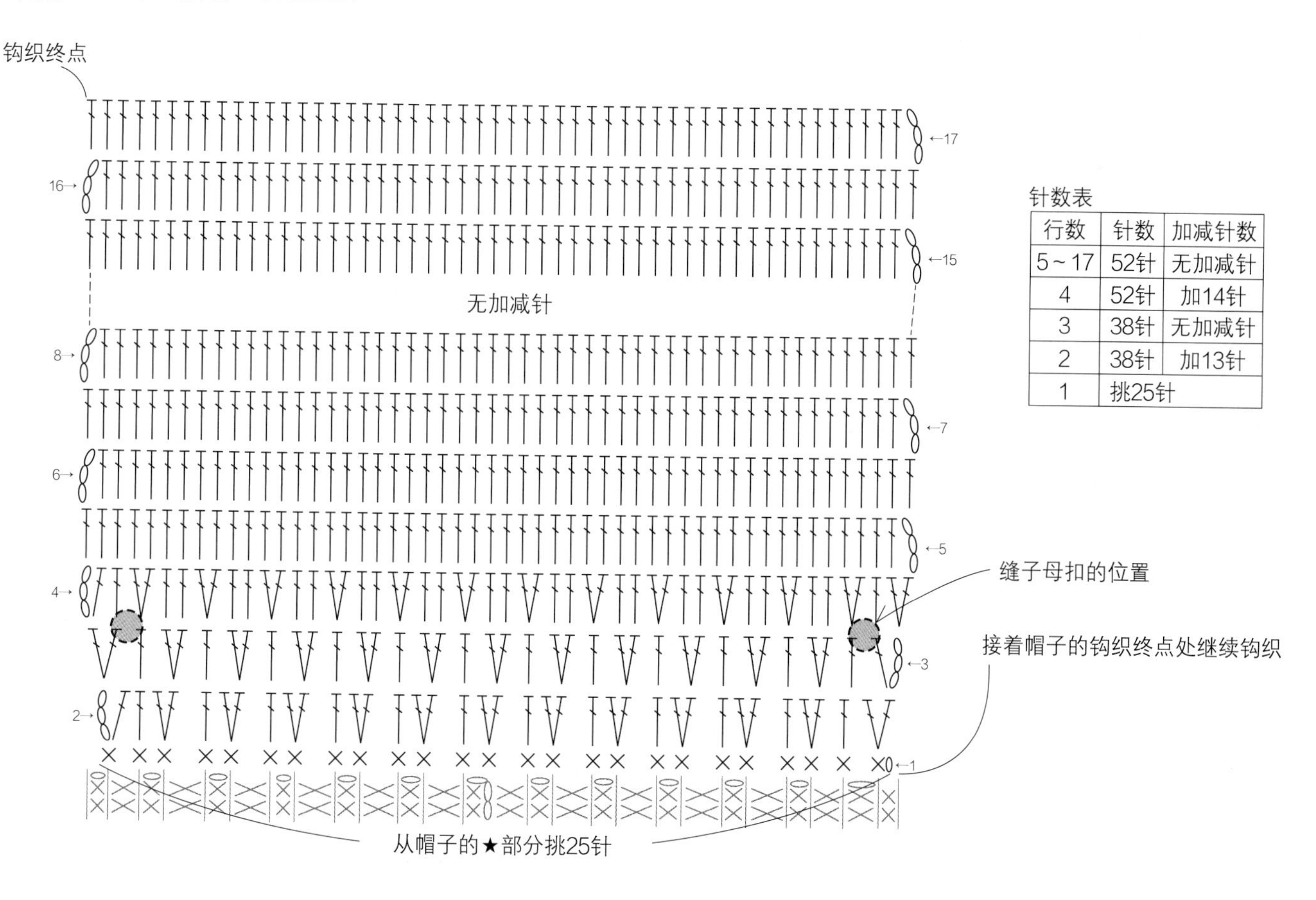

针数表

行数	针数	加减针数
5～17	52针	无加减针
4	52针	加14针
3	38针	无加减针
2	38针	加13针
1	挑25针	

上接P45的树懒

拼接各部分的位置

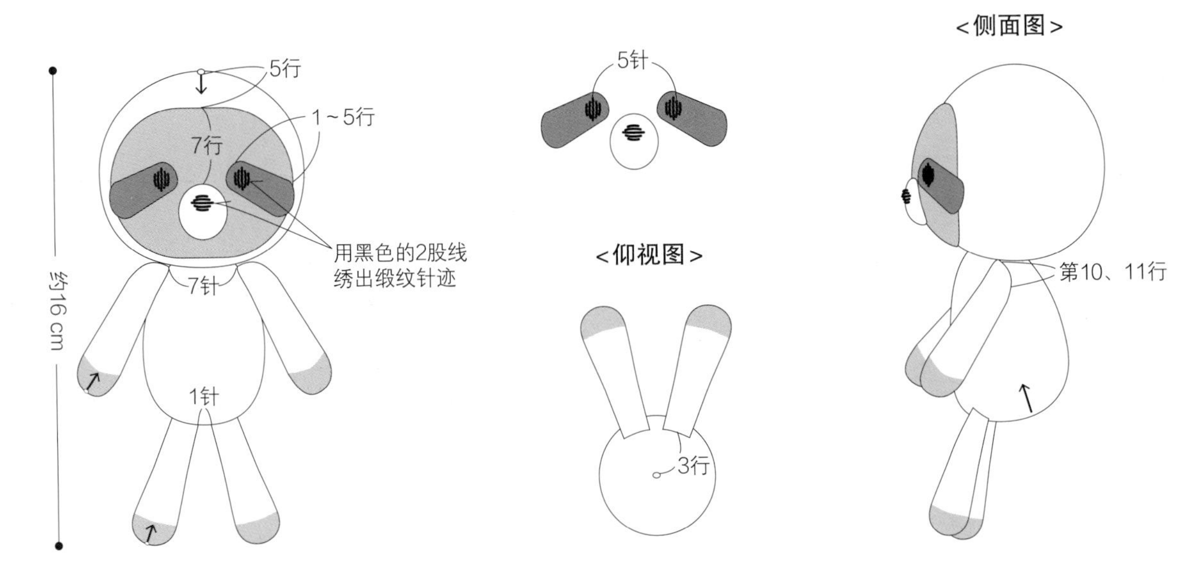

上接P49的刺猬

鼻子（1块）FIREWORK

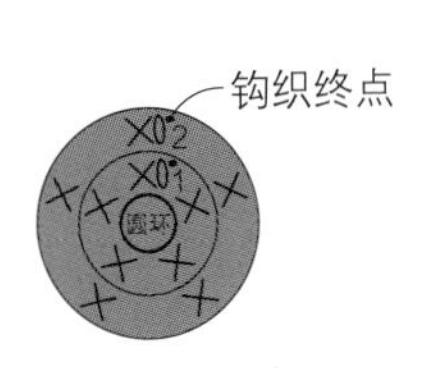

针数表

行数	针数
2	5针
1	5针

耳朵（2块）FROTHY

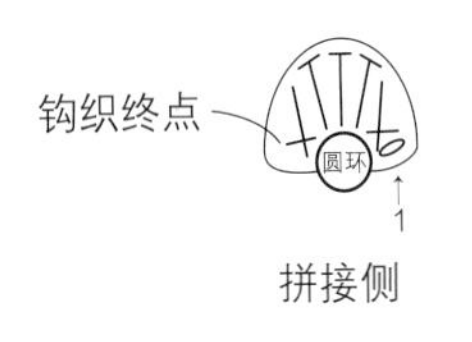

拼接各部分的位置

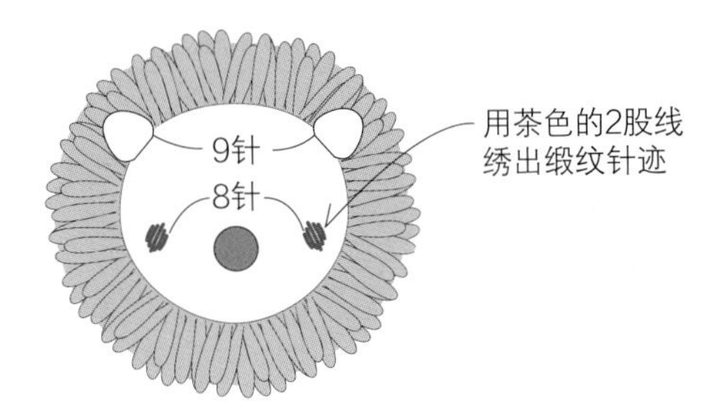

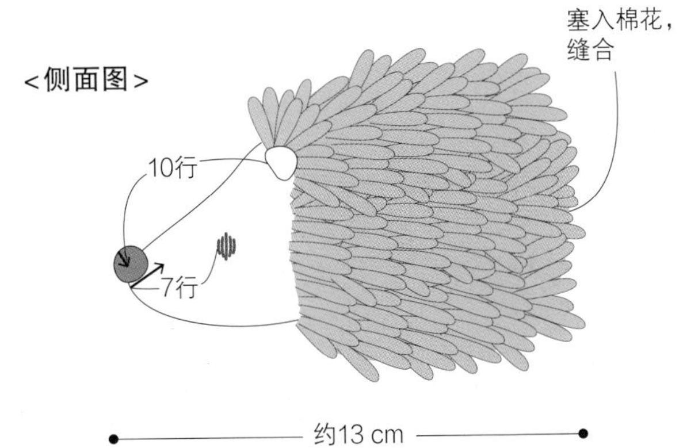

黑猫　P21

[成品尺寸]　约 8 cm × 17 cm

[材料]
DMC HAPPY CHENILLE（每卷 15 g）
INK SPOT（022）……21 g，FUZZY（013）、
QUEENIE（033）……各 2 g，SNOWFLAKE（020）……1 g
DMC HAPPY COTTON（每卷 20 g）
黄色（788）、淡蓝色（785）……各 1 m（眼睛、鼻子用）
手工棉

[用具] 5/0 号钩针、毛线用缝纫针

[钩织方法]
用 1 股线按照指定的配色方法换色钩织上肢、下肢和耳朵。
❶ 钩织各部分。
❷ 头部、身体、上肢和下肢塞入棉花。
❸ 收紧头部缝合，用卷针缝合的方法将身体、耳朵与头部拼接。
❹ 用卷针缝合的方法将上肢、下肢、尾巴与身体拼接。
❺ 用卷针缝合的方法将鼻根与头部拼接，再绣出眼睛和鼻子。

※ 头部按照P36 小熊的方法钩织……1 块　INK SPOT
　身体按照P37 小熊的方法钩织……1 块　INK SPOT
　上肢、下肢按照P35 小羊的方法钩织……各 2 块　□ = INK SPOT　▒ =QUEENIE

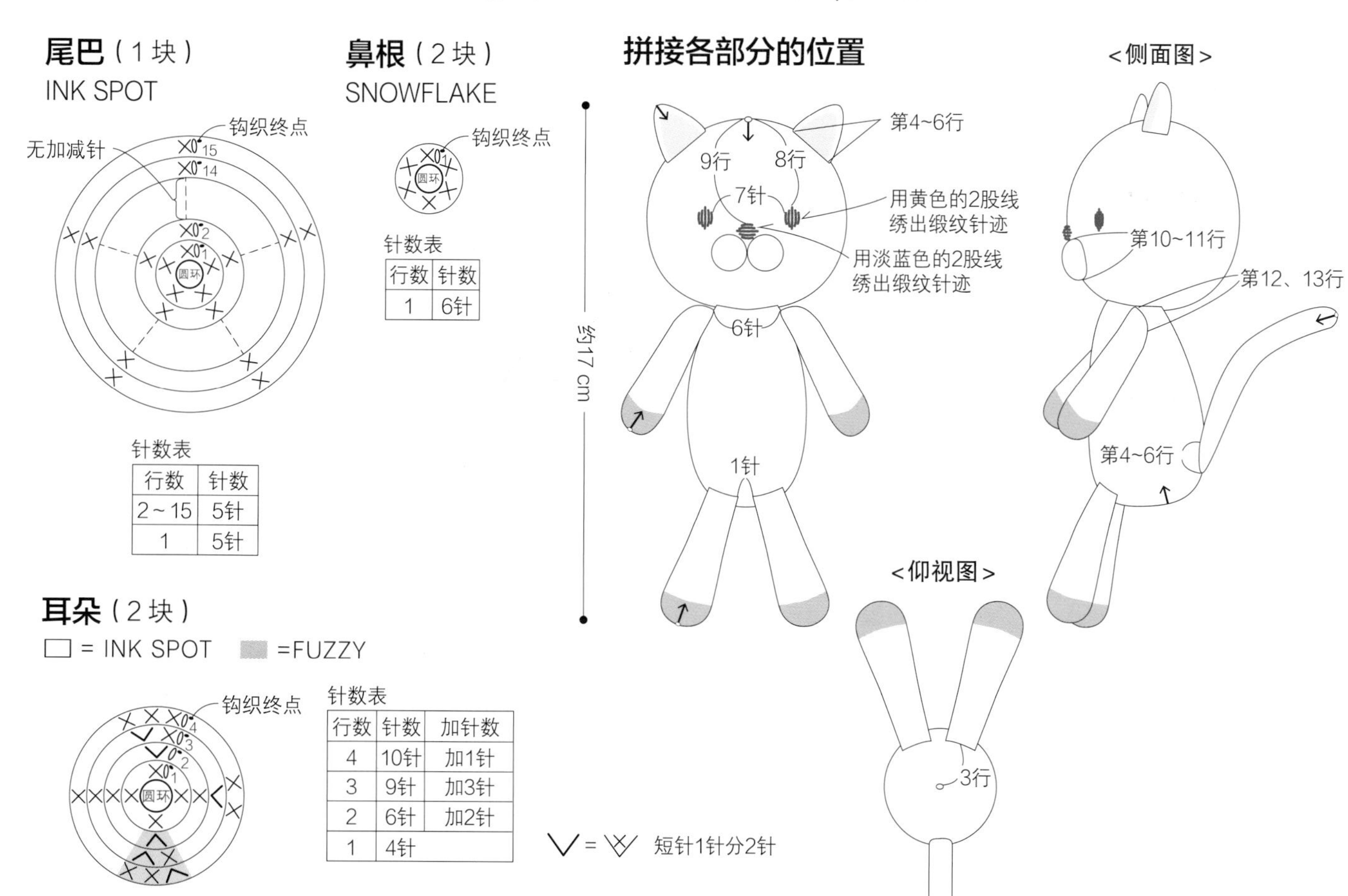

尾巴 针数表

行数	针数
2～15	5针
1	5针

鼻根 针数表

行数	针数
1	6针

耳朵 针数表

行数	针数	加针数
4	10针	加1针
3	9针	加3针
2	6针	加2针
1	4针	

火烈鸟　P22

[成品尺寸]　约 7 cm × 18 cm

[材料]
DMC HAPPY CHENILLE（每卷 15 g）
TUTTI FRUTTI（032）……16 g，CHEEKY（015）、
INK SPOT（022）……各 3 g，SNOWFLAKE（020）……1 g
DMC HAPPY COTTON（每卷 20 g）黑色（775）……1 m
（眼睛用）
手工棉

[用具] 5/0 号钩针、毛线用缝纫针

[钩织方法]
用 1 股线按照指定的配色方法换色钩织头部、喙和翅膀。
❶ 钩织各部分。
❷ 头部、身体、脖子、喙和下肢塞入棉花。
❸ 用卷针的方法将喙与头部缝合。
❹ 用卷针缝合的方法将脖子与头部拼接。
❺ 收紧身体缝合，再用卷针缝合的方法将脖子、翅膀、下肢与身体拼接。
❻ 绣出眼睛。

V = 短针1针分2针　　Λ = 变化的短针2针并1针（P28）

头部（1块）

▇ = TUTTI FRUTTI　□ = SNOWFLAKE

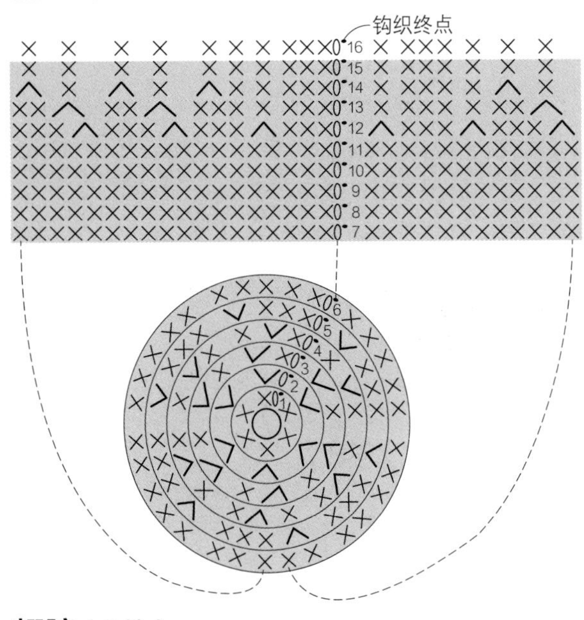

针数表

行数	针数	加减针数
15、16	17针	无加减针
14	17针	减4针
13	21针	减3针
12	24针	减6针
6~11	30针	无加减针
5	30针	每行加6针
4	24针	
3	18针	
2	12针	
1	6针	

脖子（1块）TUTTI FRUTTI

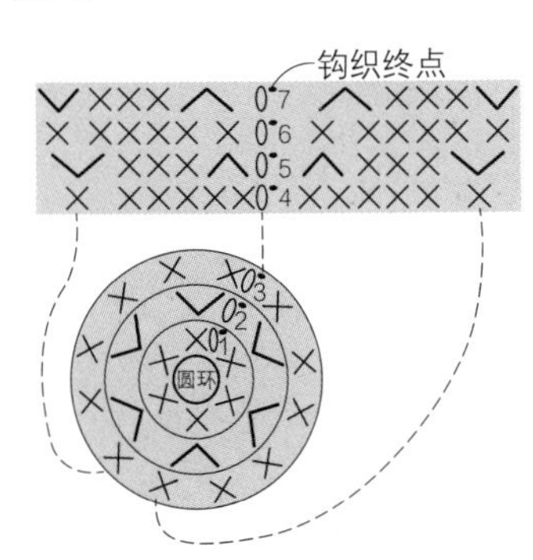

针数表

行数	针数	加减针数
3~7	12针	无加减针
2	12针	加6针
1	6针	

喙（1块）

▇ = INK SPOT　□ = SNOWFLAKE

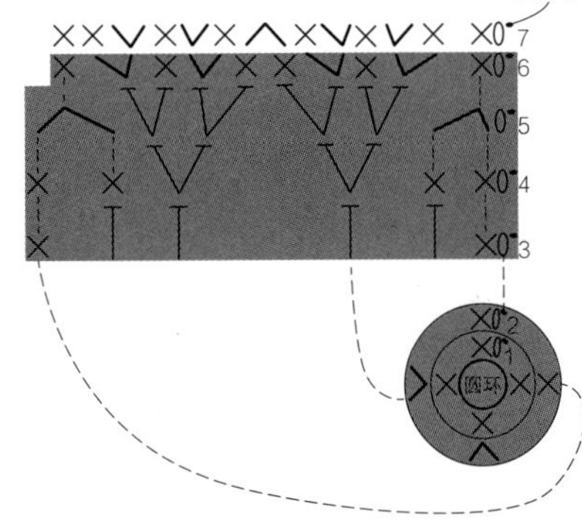

针数表

行数	针数	加减针数
7	17针	加3针
6	14针	加4针
5	10针	每行加2针
4	8针	
3	6针	无加减针
2	6针	加2针
1	4针	

翅膀（2块）

▇ = TUTTI FRUTTI　▇ = INK SPOT

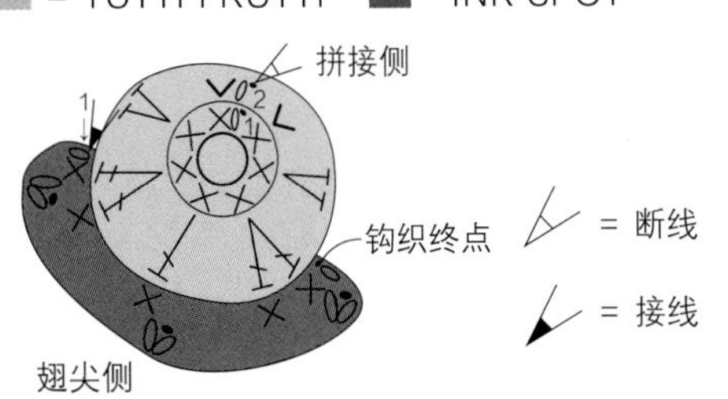

身体（1块）TUTTI FRUTTI

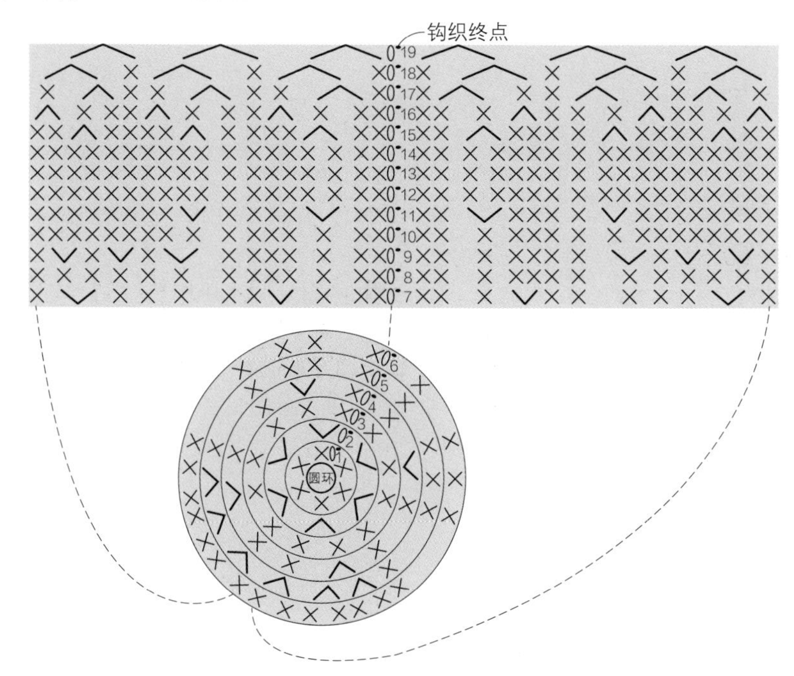

针数表

行数	针数	加减针数
19	6针	每行减6针
18	12针	
17	18针	
16	24针	
15	30针	
12～14	36针	无加减针
11	36针	加4针
10	32针	无加减针
9	32针	加6针
8	26针	无加减针
7	26针	加4针
6	22针	无加减针
5	22针	加6针
4	16针	加4针
3	12针	无加减针
2	12针	加6针
1	6针	

下肢（2块）CHEEKY

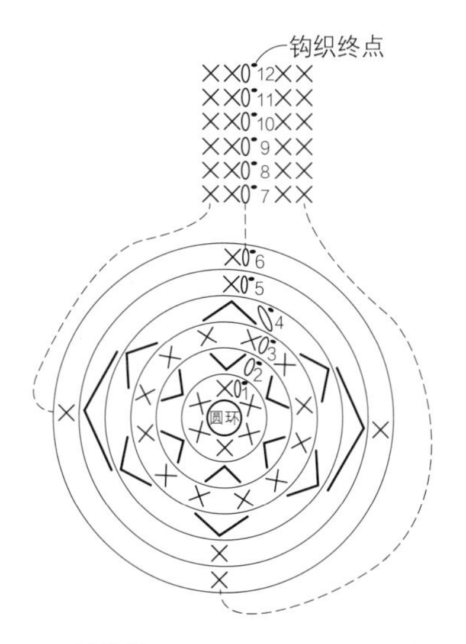

针数表

行数	针数	加减针数
6～12	4针	无加减针
5	4针	减2针
4	6针	减6针
3	12针	无加减针
2	12针	加6针
1	6针	

拼接各部分的位置

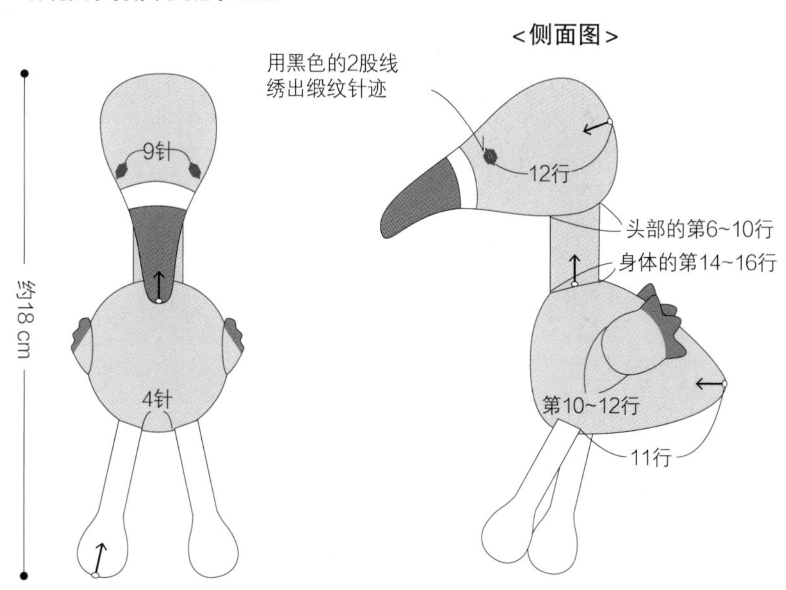

巨嘴鸟 P23

[成品尺寸] 约 7 cm × 11 cm

[材料]

DMC HAPPY CHENILLE（每卷 15 g）

INK SPOT（022）……17 g、SPARKLER（025）……3 g

SNOWFLAKE（020）、FIREWORK（034）……各 2 g

DMC HAPPY COTTON（每卷 20 g）黑色（775）……1 m（眼睛用）

手工棉

[用具] 5/0 号钩针、毛线用缝纫针

[钩织方法]

用 1 股线按照指定的配色方法换色钩织喙、眼睛、尾羽。

❶ 钩织各部分。

❷ 身体、喙塞入棉花。

❸ 收紧身体缝合，再用卷针缝合的方法将花样、喙、眼睛、下肢、尾羽和身体拼接。

∨ = 短针1针分2针　　∨ = 短针的条针1针分2针　　∧ = 变化的短针2针并1针（P28）

身体（1 块）INK SPOT

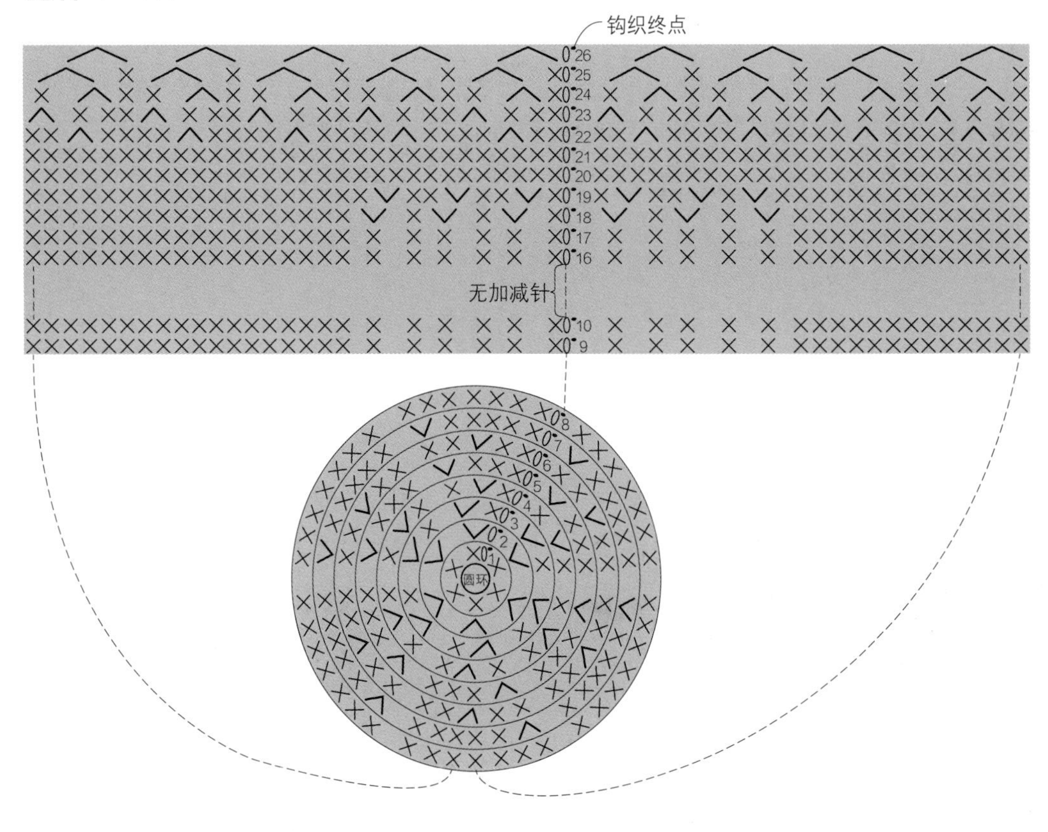

针数表

行数	针数	加减针数
26	9针	每行减9针
25	18针	
24	27针	
23	36针	
22	45针	
20、21	54针	无加减针
19	54针	每行加6针
18	48针	
8～17	42针	无加减针
7	42针	每行加6针
6	36针	
5	30针	
4	24针	
3	18针	
2	12针	
1	6针	

喙（1块）

▒ = INK SPOT　□ =SPARKLER

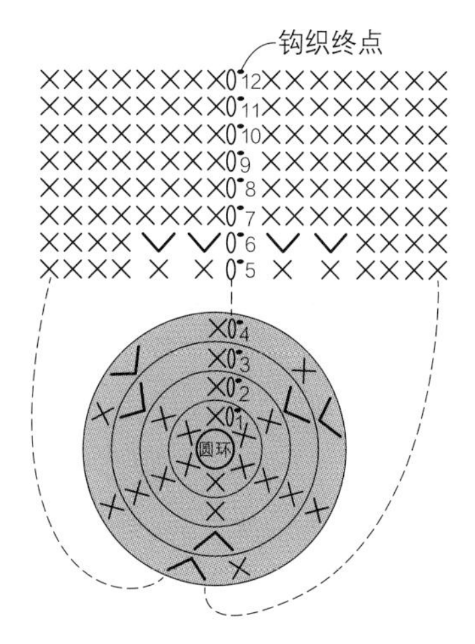

针数表

行数	针数	加减针数
7～12	16针	无加减针
6	16针	加4针
5	12针	无加减针
4	12针	加3针
3	9针	加3针
2	6针	无加减针
1	6针	

眼睛（2块）

▒ =DMC HAPPY COTTON・黑色
□ =FIREWORK

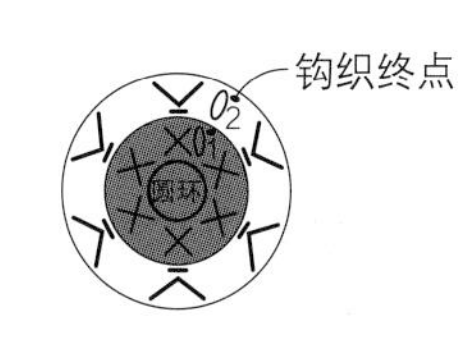

针数表

行数	针数	加针数
2	12针	加6针
1	6针	

※织片的反面用作正面

花样（1块）

SNOWFLAKE

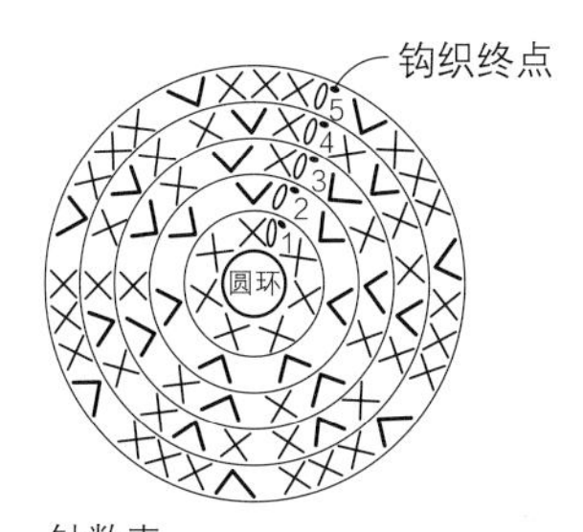

针数表

行数	针数	加针数
5	35针	每行加7针
4	28针	
3	21针	
2	14针	
1	7针	

尾羽（1块）

▒ = INK SPOT　□ =FIREWORK

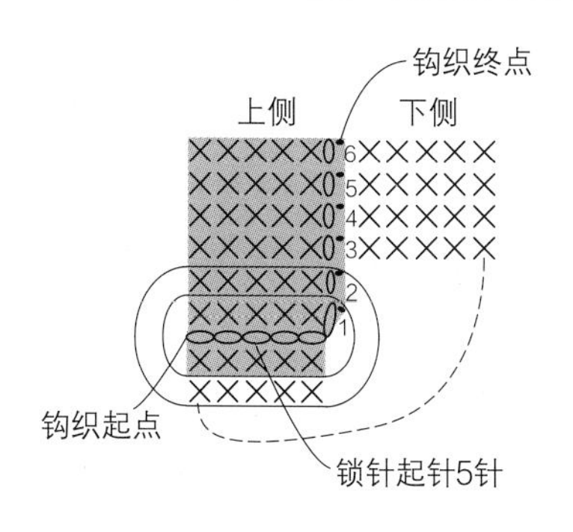

针数表

行数	针数
2～6	10针
1	10针

下肢（2块）SPARKLER

针数表

行数	针数
2～4	6针
1	6针

拼接各部分的位置

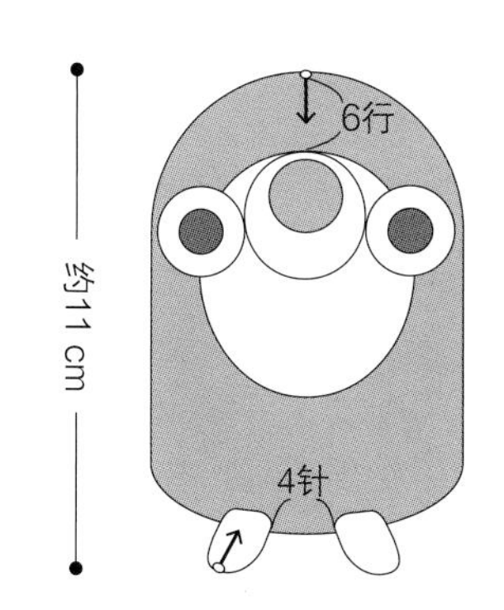

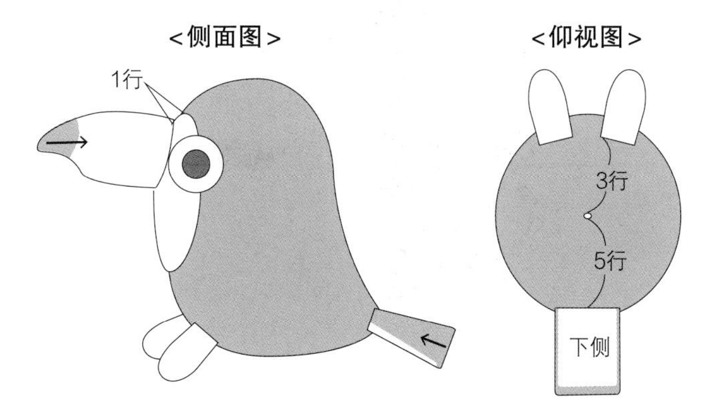

钩针钩织的基础

[编织线的拿法]

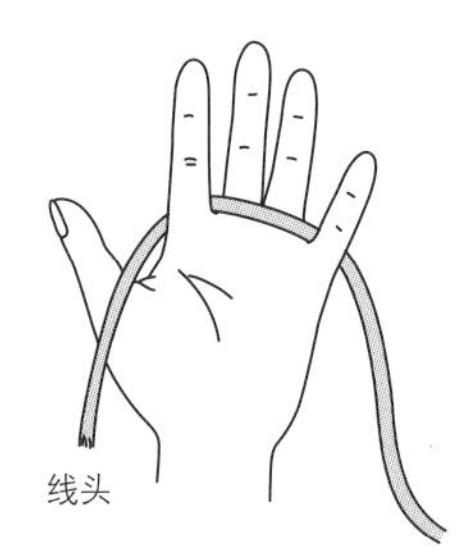

❶ 编织线挂到小拇指和食指上。

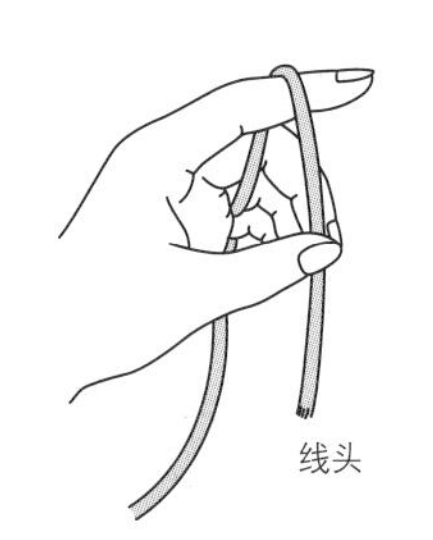

❷ 用大拇指和中指捏住线头。

[钩针的拿法]

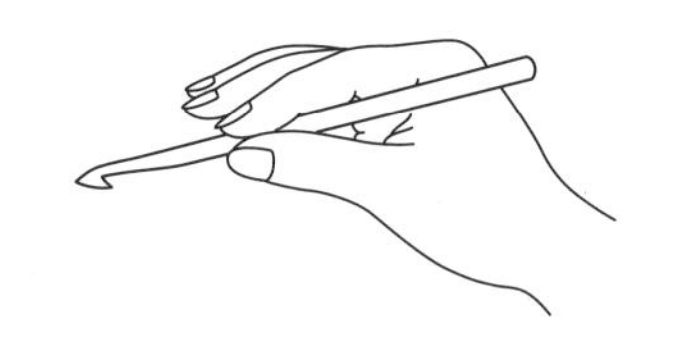

❶ 用食指和大拇指捏住距离针尖 3~4 cm的位置。

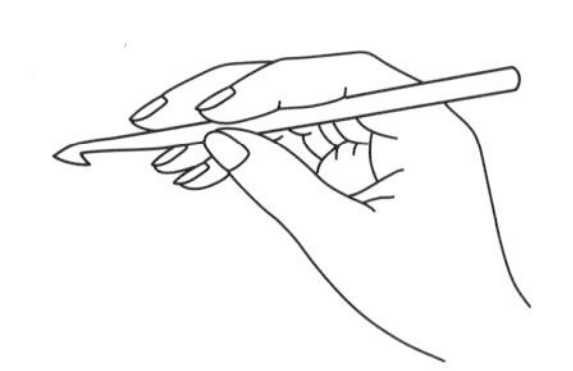

❷ 放上中指。中指的作用主要是辅助钩针转动，压住挂在针上的编织线的针脚。

[锁针起针]

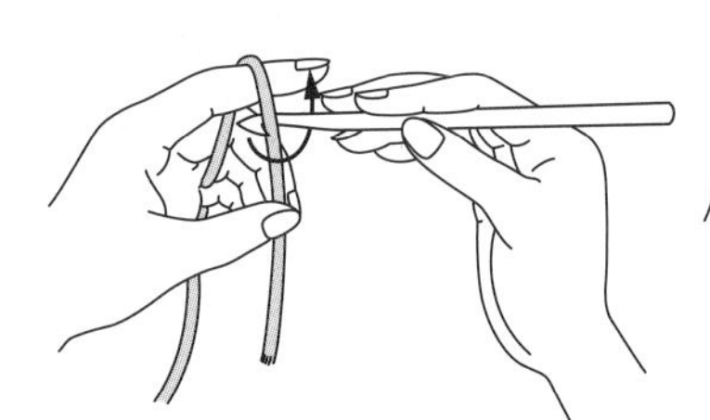

❶ 编织线挂到左手，钩针置于线后方，按照箭头的方向转动针尖，将线拧一圈。

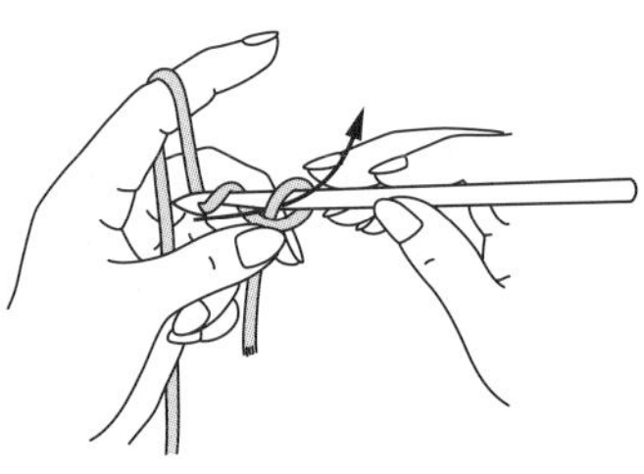

❷ 将食指上的编织线挂到钩针上，引拔抽出后拉紧线头。

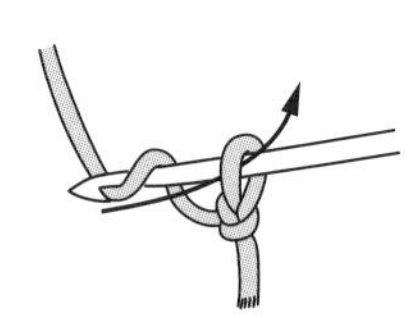

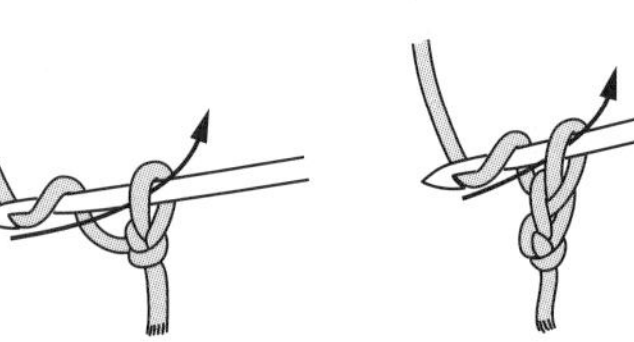

❸ 拉紧后继续钩织锁针起针。

[锁针]

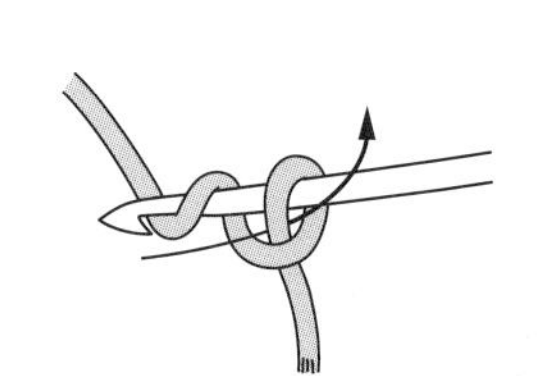

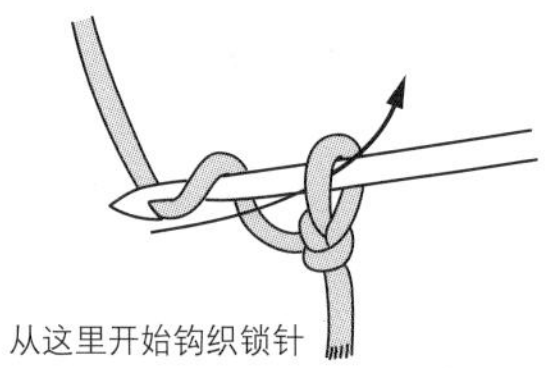

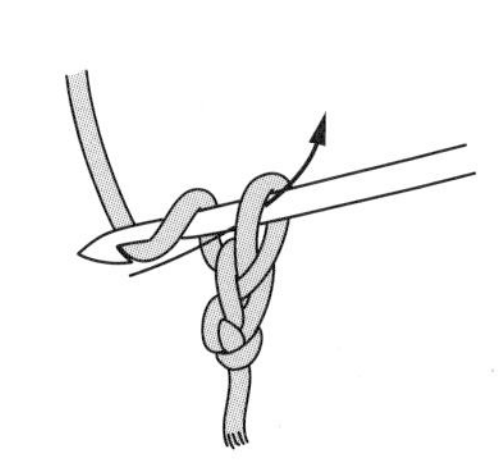

[引拔针]

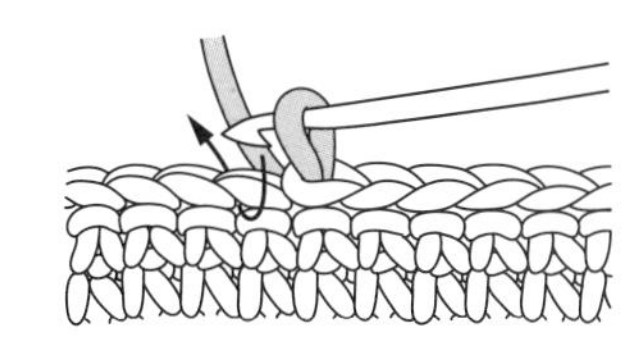

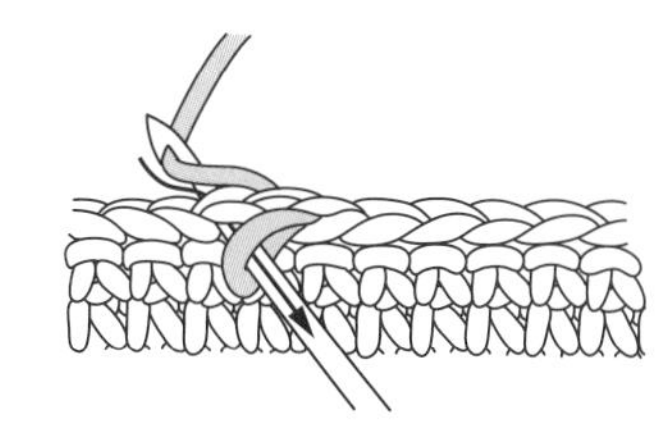

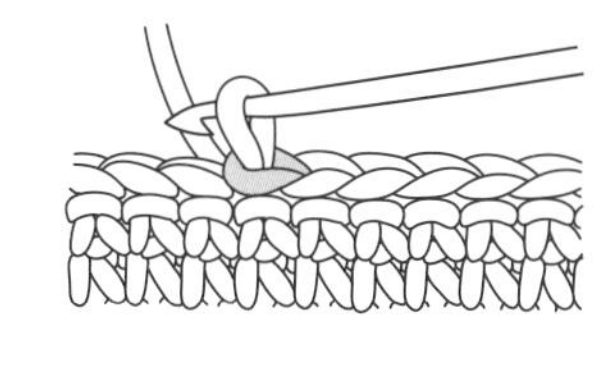

[短针]

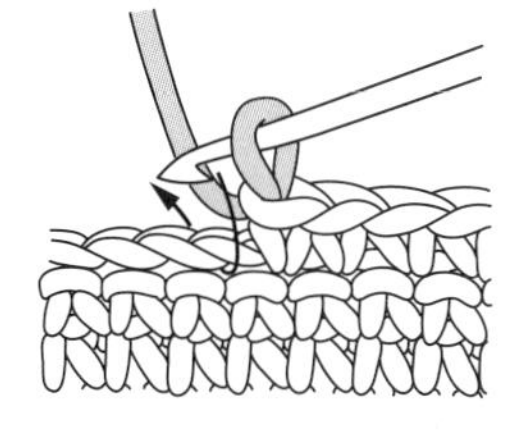

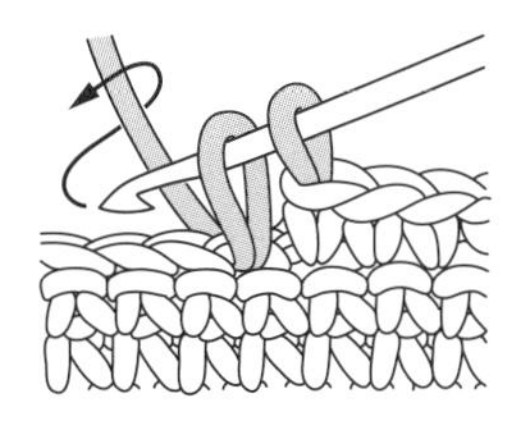

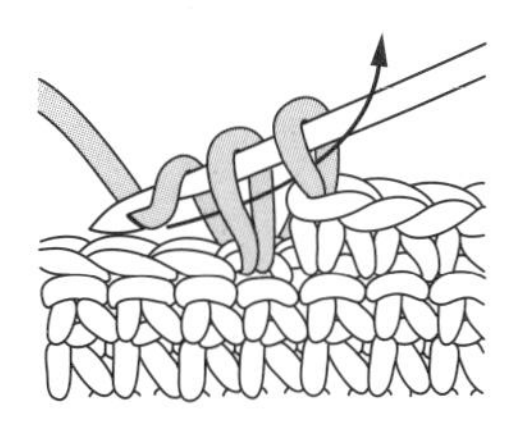

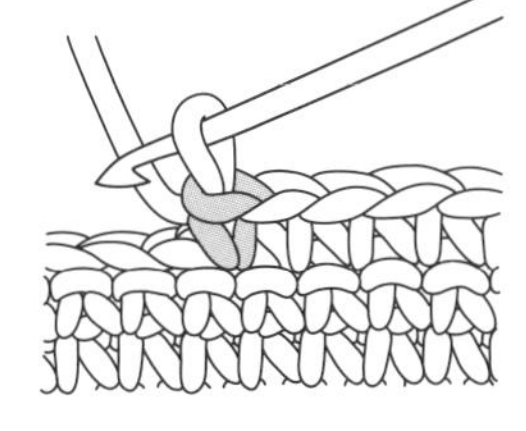

[中长针]

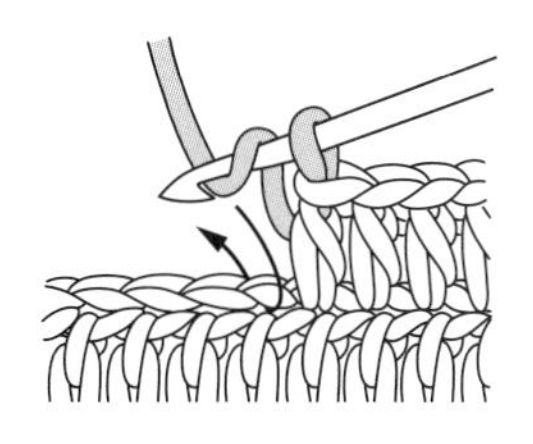

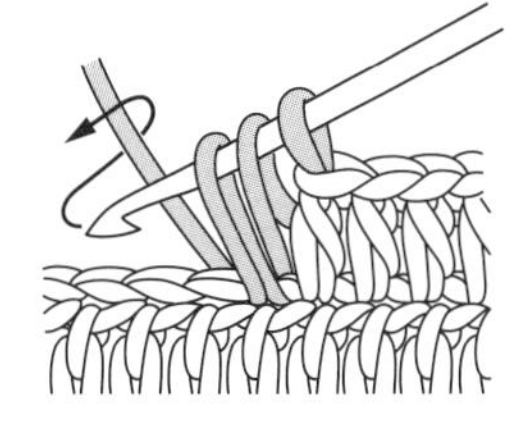

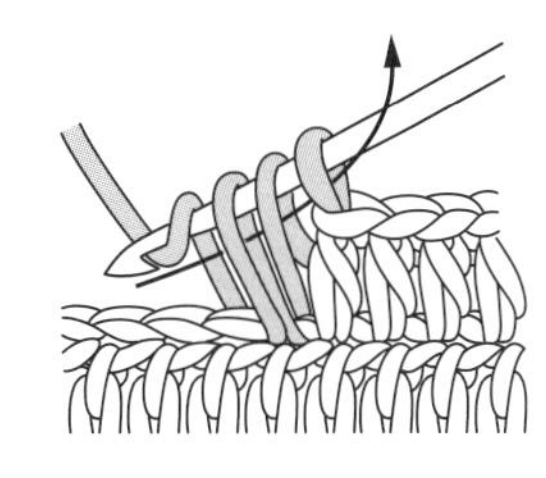

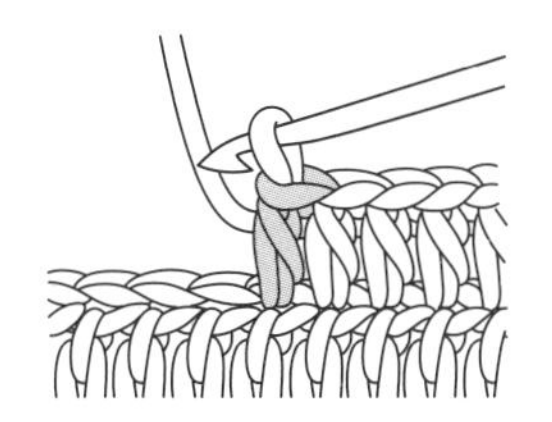

[长针]

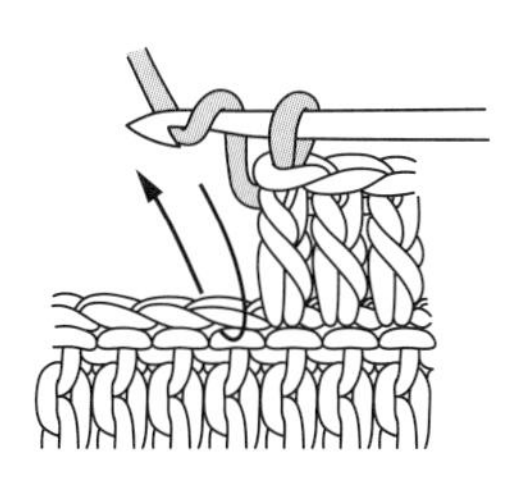

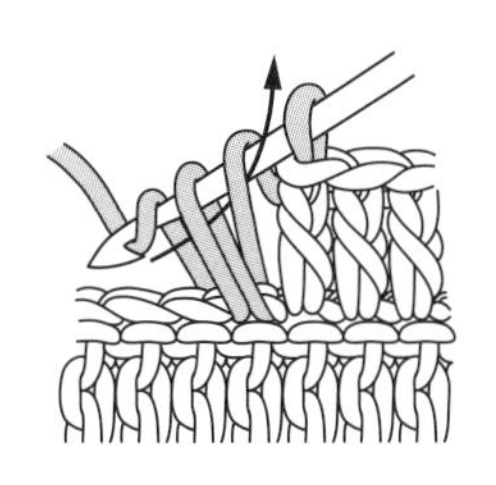

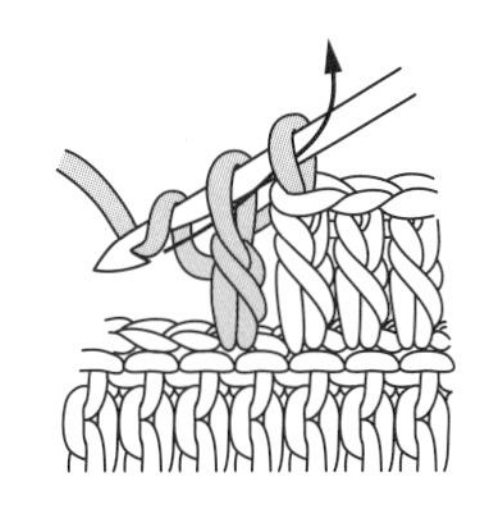

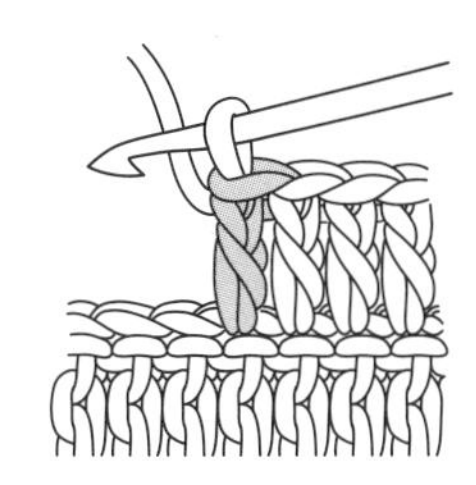

[短针 1 针分 2 针]　※ 短针的环形针也按同样的要领钩织

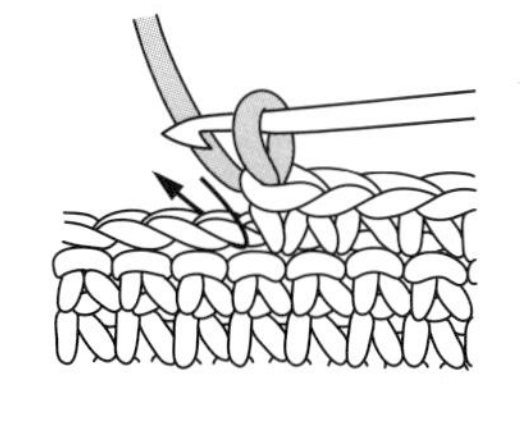

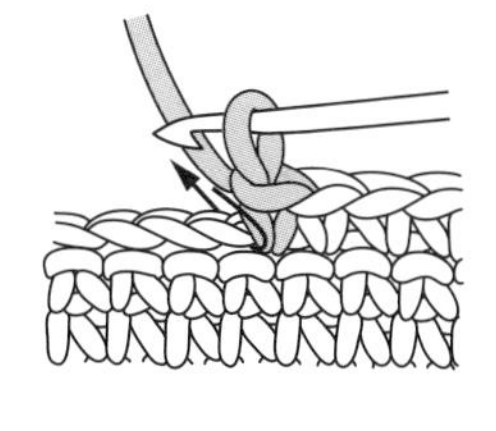

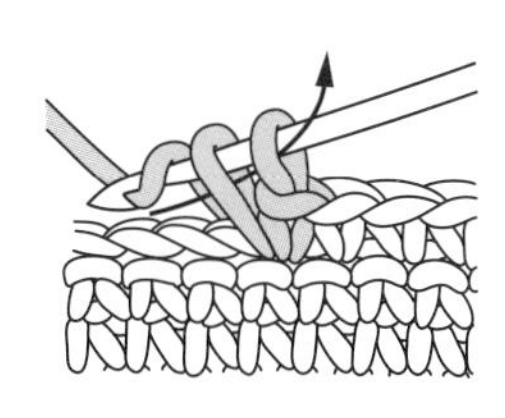

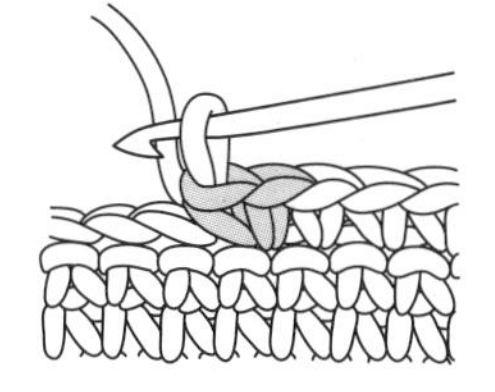

[短针 1 针分 3 针]

※ 钩织完短针 1 针分 2 针之后再织入 1 针

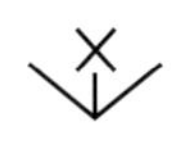

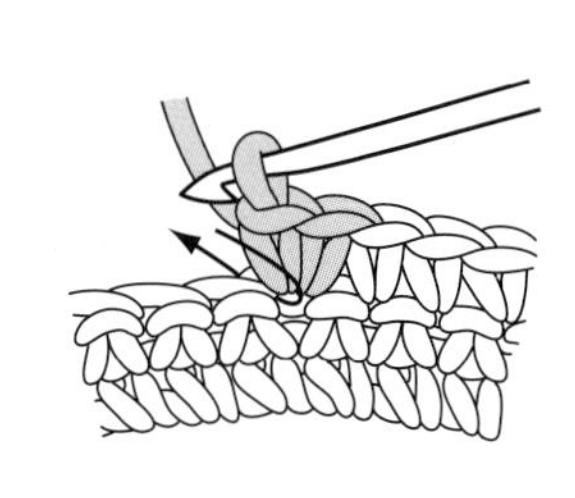

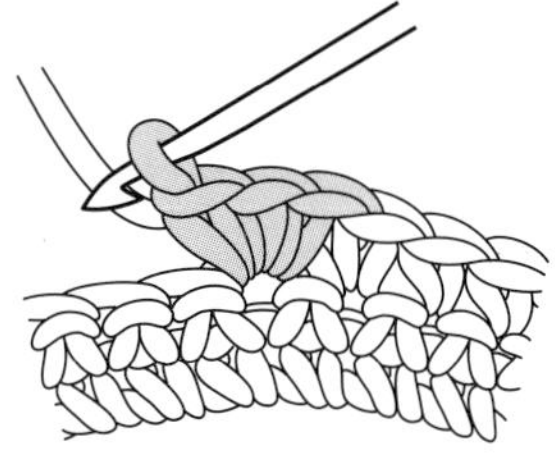

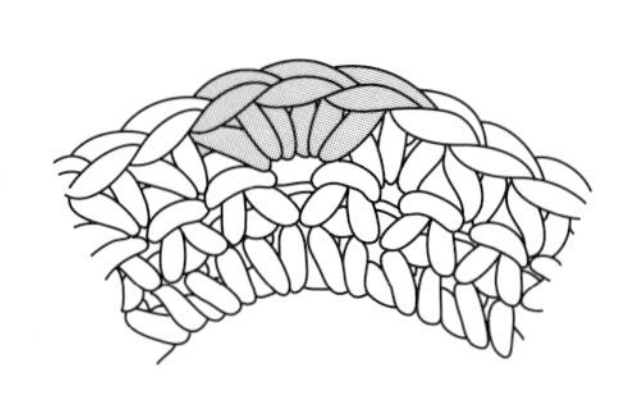

[变化的短针 2 针并 1 针]

※ 先将内侧半针挑起，再将钩针插入下一针的内侧半针中

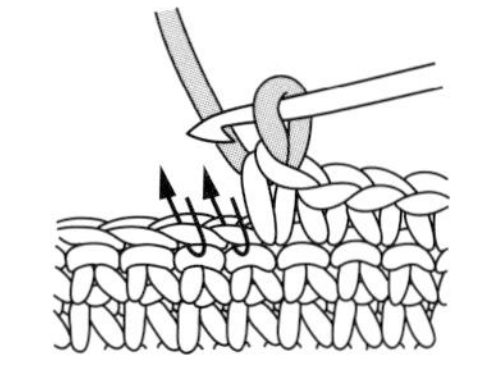

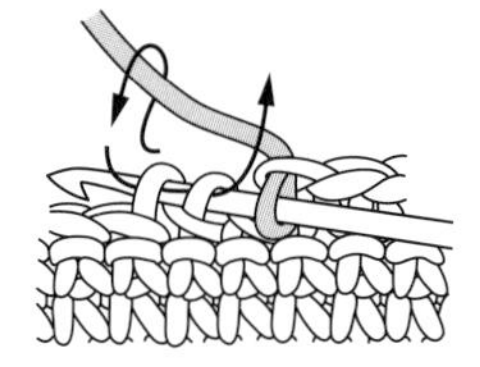

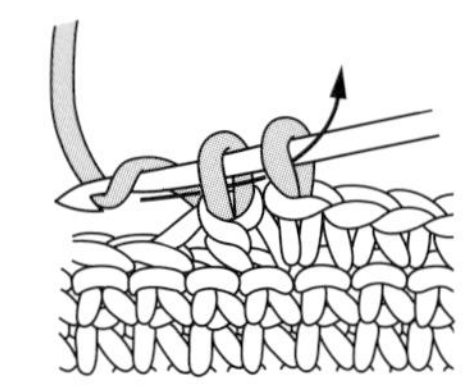

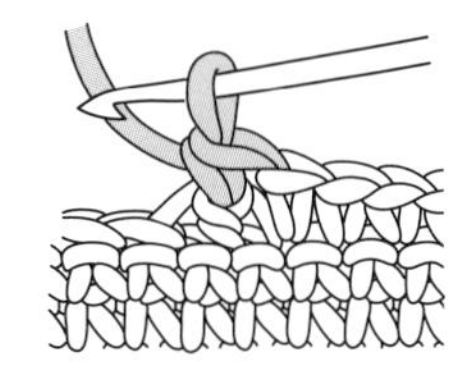

[长针 1 针分 2 针]

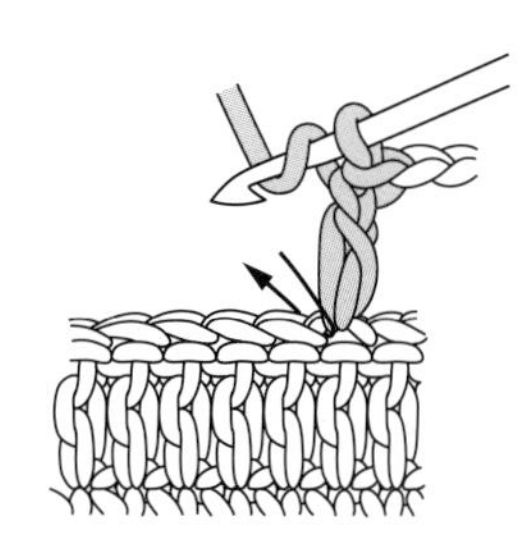

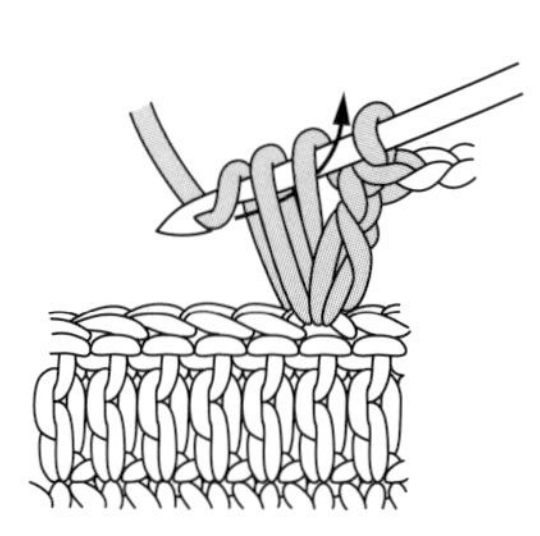

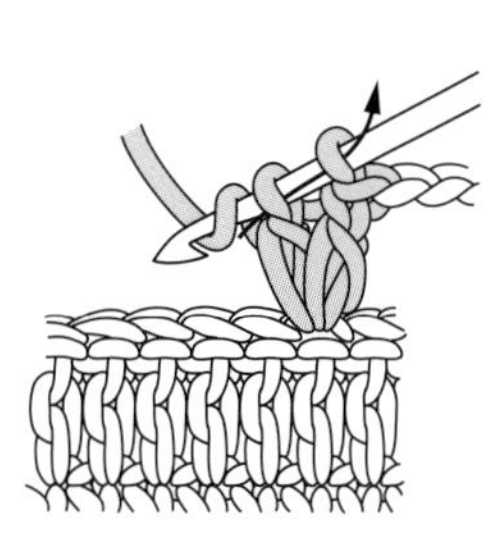

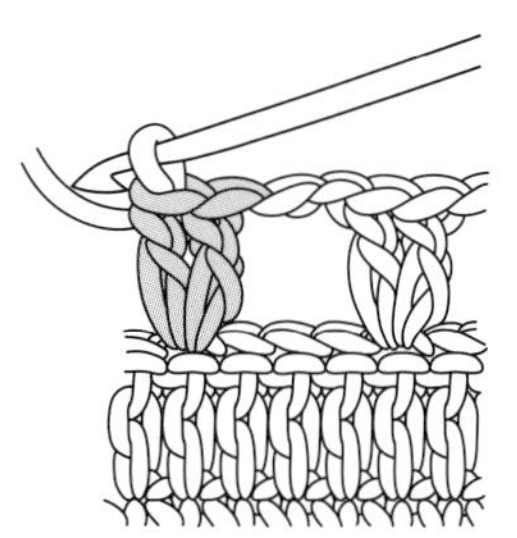

[短针的条针]

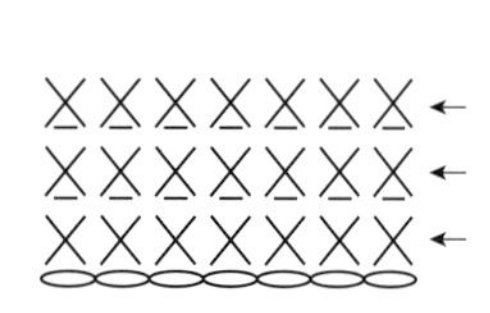

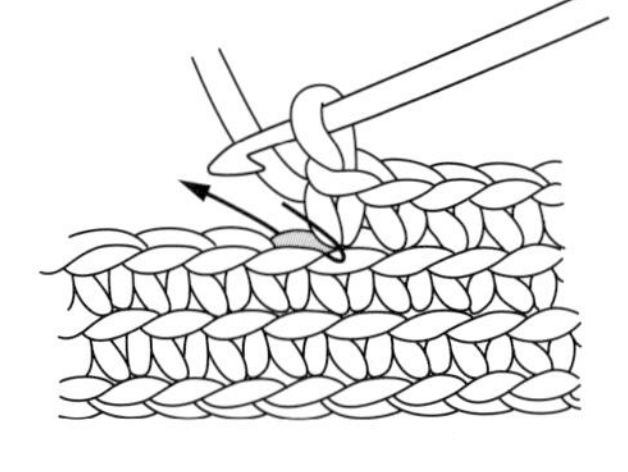

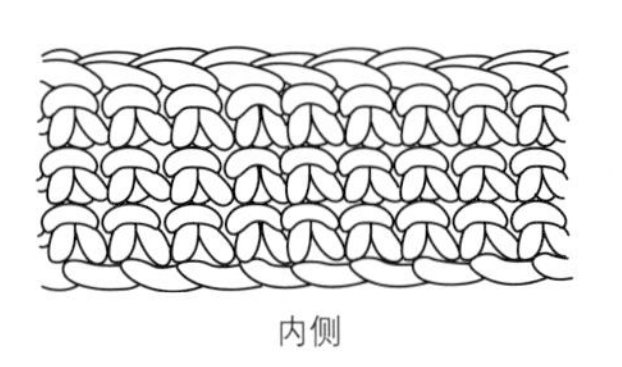

内侧

[短针的环形针]

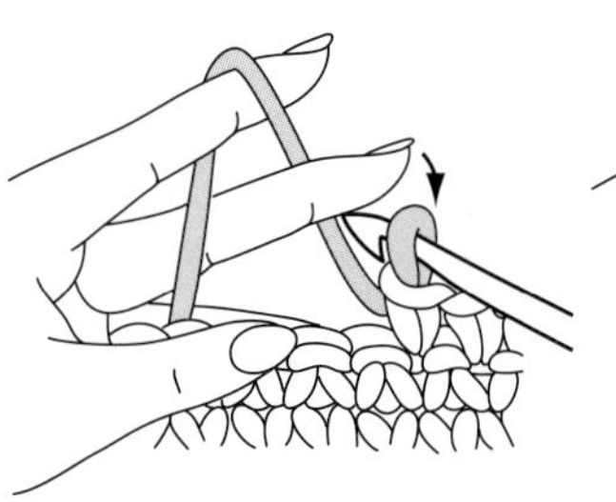

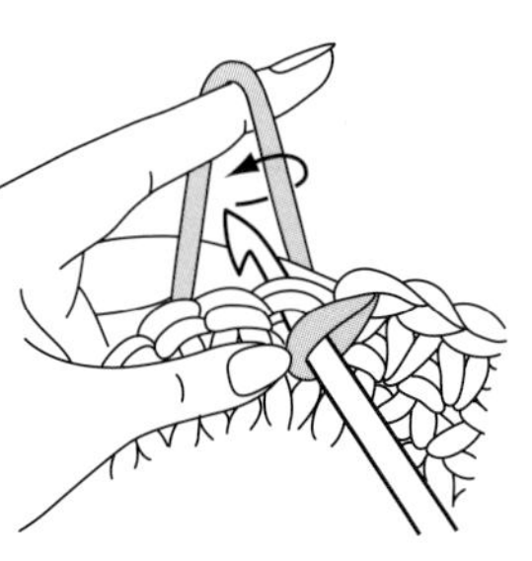

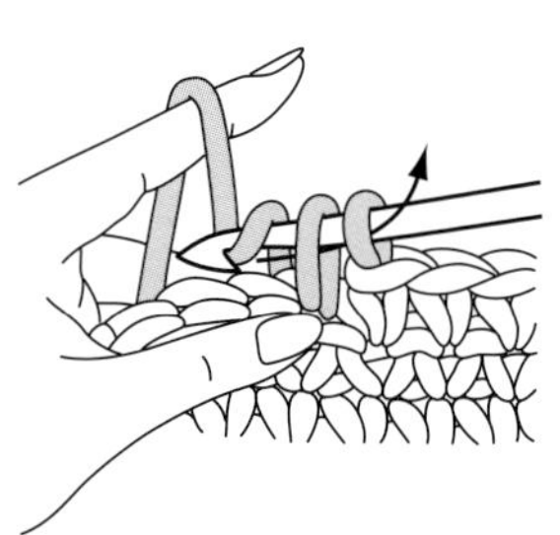

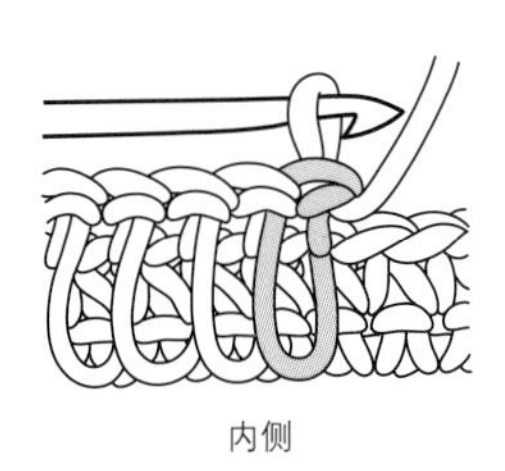

内侧

[编织线的打结方法]　※按以下的打结方法重复两次

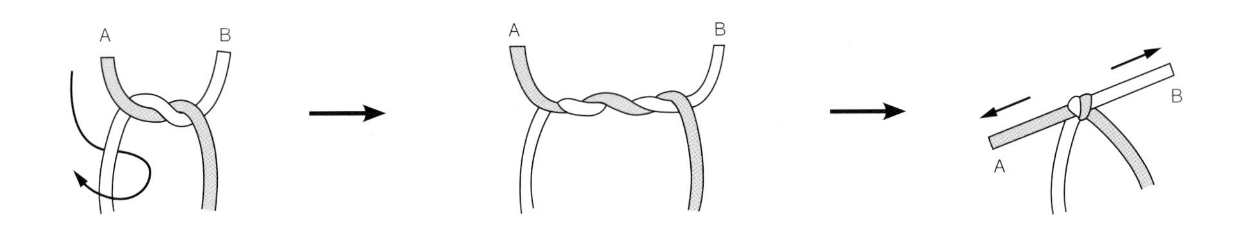

刺绣的基础

[直线缝针迹]

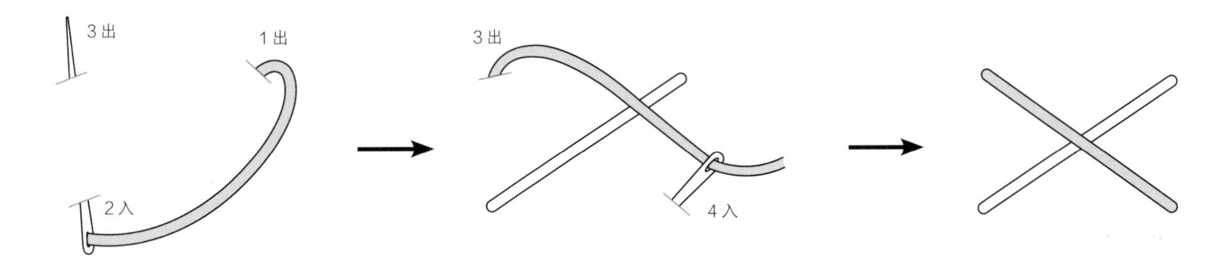

[缎纹针迹]

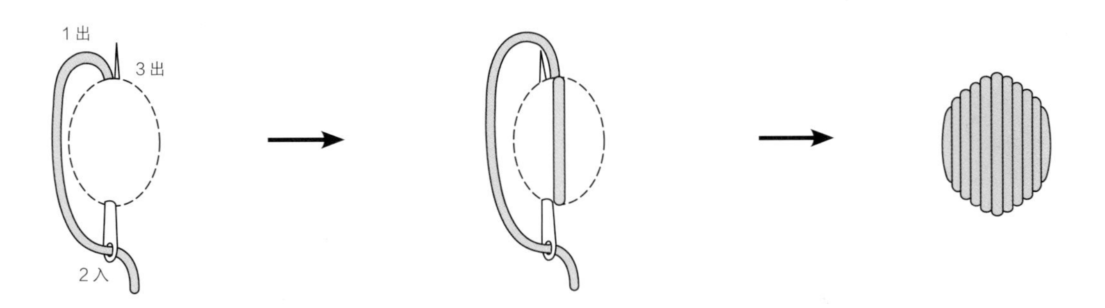

流苏

选好接入线的位置，从针脚的反面插入钩针。

对折线，折痕部分挂到钩针上，再引拔抽出线。

取出钩针，大拇指和食指合拢，放入圆环中。

指尖捏住两根线头，从圆环中穿过。

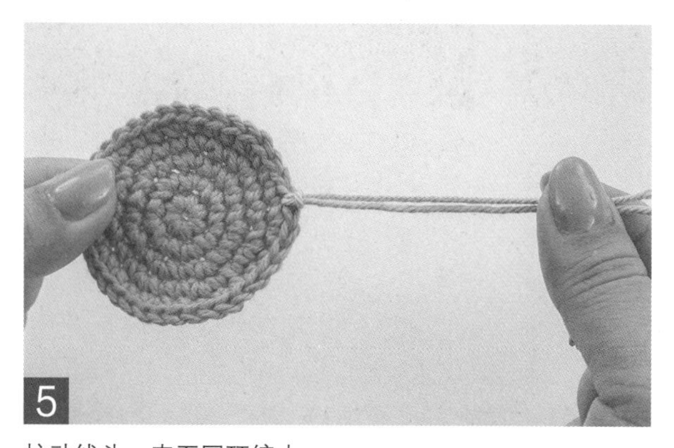

拉动线头，直至圆环缩小。

按照步骤 1~5 的方法，接入必要数量的编织线，用剪刀剪断。流苏制作完成。

锁针2针的结粒针

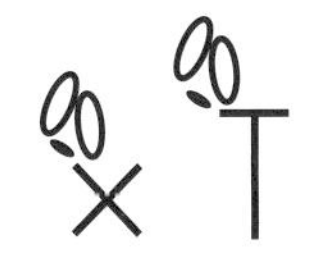

钩织2针锁针。

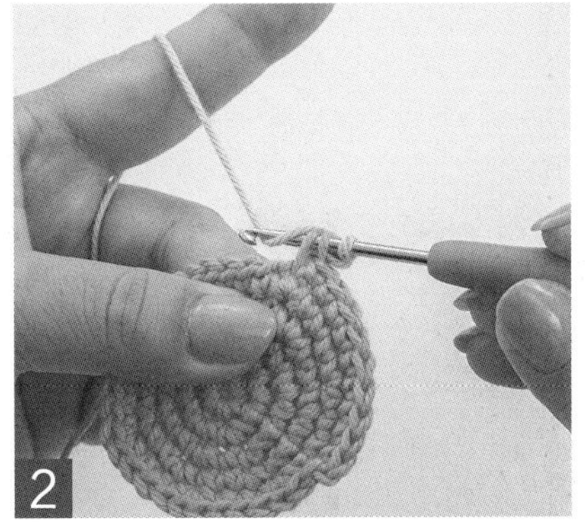

将钩针插入步骤1锁针的钩织起点与基地的头针之间。然后再将钩针插入左侧的尾针中，食指上的编织线挂到钩针上，引拔抽出。

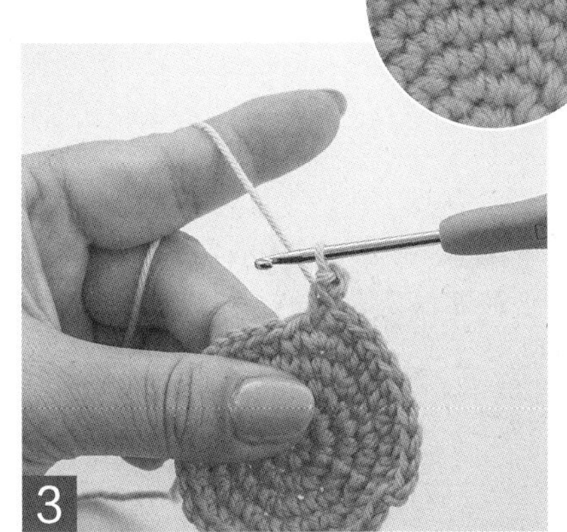

引拔抽出线后如图。结粒针钩织完成。

往复钩织

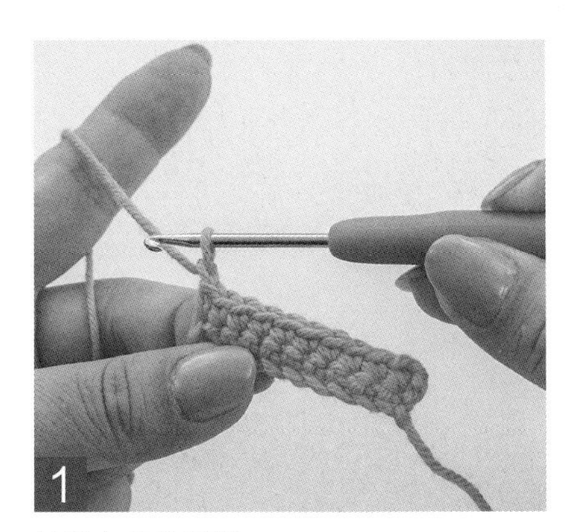

钩织立起的锁针。

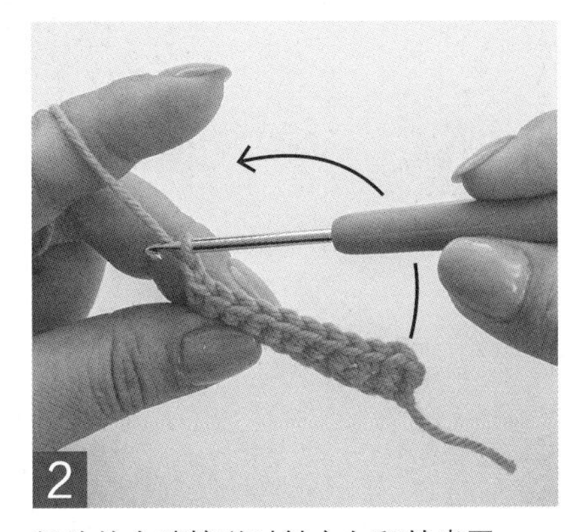

织片的右端按逆时针方向翻转半圈。

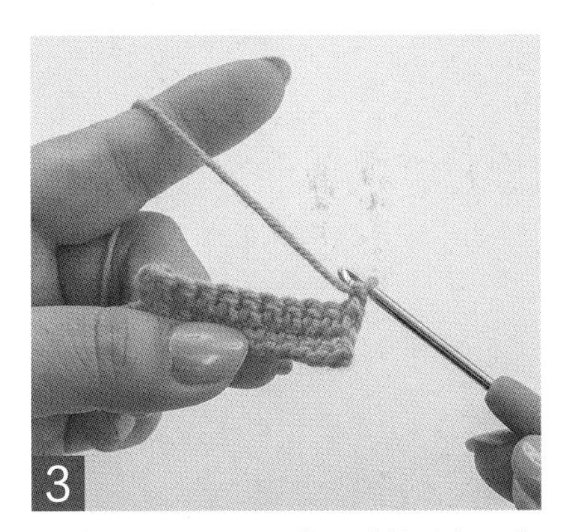

翻转织片后如图。然后继续钩织。每次换行时都翻转织片，同时进行往复钩织。

日本原版书工作人员（均为日籍）

书面设计：塚田佳奈（ME & MIRACO）　摄影：松元绘里子　形象设计：前田Kaori　发型设计：镰田真理子

模特：Elizabeth·K、Charlie·B　步骤拍摄：福田典史（文化出版局）　钩织方法解说、复写：田中利佳

基础插画：Dairaku Satomi　DTP执行：田山圆佳（Studio Dunk）　校阅：向井雅子

编辑：太田菜津美（nikoworks）、加藤风花（文化出版局）

图书在版编目（CIP）数据

钩针动物玩偶 / (日) 市川美雪著 ; 何凝一译. --
贵阳 : 贵州科技出版社, 2022.8
ISBN 978-7-5532-1068-1

Ⅰ. ①钩… Ⅱ. ①市… ②何… Ⅲ. ①钩针—编织
Ⅳ. ①TS935.521

中国版本图书馆CIP数据核字(2022)第100305号

著作权合同登记号 图字：22-2022-028
TITLE：［どうぶつあみぐるみ］
BY：［いちかわみゆき］

钩针动物玩偶
GOUZHEN DONGWU WANOU

策划制作：北京书锦缘咨询有限公司
总 策 划：陈 庆
策　　划：姚 兰

作　　者：[日] 市川美雪
译　　者：何凝一
责任编辑：方 静
排版设计：刘岩松
出版发行：贵州科技出版社
地　　址：贵阳市中天会展城会展东路A座（邮政编码：550081）
网　　址：http://www.gzstph.com
出 版 人：朱文迅
经　　销：全国各地新华书店
印　　刷：三河市祥达印刷包装有限公司
版　　次：2022年8月第1版
印　　次：2022年8月第1次印刷
字　　数：160千
印　　张：5
开　　本：889 mm × 1194 mm 1/16
书　　号：ISBN 978-7-5532-1068-1
定　　价：56.00元

天猫旗舰店：http://gzkjcbs.tmall.com
京东专营店：http://mall.jd.com/index-10293347.html